高等学校"十三五"规划教材

《C程序设计(第四版)》学习指导

荣 政 胡建伟 邵晓鹏 编

西安电子科技大学出版社

内 容 简 介

　　本书是《C程序设计(第四版)》的配套用书,全书共分三部分。第一部分(第1章～第10章)针对《C程序设计(第四版)》一书给出各章要求、内容要点、习题(选择题、填空题和编程题)及部分答案。第二部分(第11章)介绍了C语言上机的实验环境,内容包括 Visual C++ 6.0 的使用、调试技术及程序查错的基本方法。第三部分(第12章)是上机实验内容及实验指导,包括 10 个上机实验及相应的实验指导。

　　该书既可作为学生课后复习的参考用书,也可作为学生上机的实验指导书和全国计算机等级考试的复习参考书。

图书在版编目(CIP)数据

《C程序设计(第四版)》学习指导/荣政,胡建伟,邵晓鹏编. —4版. —西安:西安
电子科技大学出版社,2019.11
ISBN 978 - 7 - 5606 - 5098 - 2

Ⅰ. ①C… Ⅱ. ①荣… ②胡… ③邵… Ⅲ. ①C语言—程序设计—高等学校—教学参考资料
Ⅳ. ①TP312.8

中国版本图书馆 CIP 数据核字(2018)第 249546 号

策划编辑	马乐惠
责任编辑	陈　婷
出版发行	西安电子科技大学出版社(西安市太白南路 2 号)
电　　话	(029)88242885　88201467　　邮　编　710071
网　　址	www.xduph.com　　　　　电子邮箱　xdupfxb001@163.com
经　　销	新华书店
印刷单位	咸阳华盛印务有限责任公司
版　　次	2019 年 11 月第 4 版　2019 年 11 月第 20 次印刷
开　　本	787 毫米×1092 毫米　1/16　印张 13.5
字　　数	316 千字
印　　数	79 601～82 600 册
定　　价	31.00 元

ISBN 978 - 7 - 5606 - 5098 - 2/TP

XDUP 5400004 - 20

＊＊＊如有印装问题可调换＊＊＊

本社图书封面为激光防伪覆膜,谨防盗版。

前　言

　　本书是为了配合《C程序设计(第四版)》教学而编写的配套教材。全书共分以下三个部分：

　　第一部分(第1章～第10章)包含教材各章的基本要求、内容要点和习题。该部分体现了教学大纲的基本要求，列出各章的关键内容，方便读者有效地进行学习和复习。其中的配套习题以单项选择题、填空题和编程题的形式给出，所有的选择题和填空题均有答案，编程题给出了部分参考答案。

　　第二部分(第11章)介绍了C语言的上机环境。书中介绍了Visual C++ 6.0的使用，并通过该环境下的编程实例讨论了程序查错及调试的基本方法，力求使读者具备程序调试的基本能力。考虑到Turbo C已是一个较为陈旧的编译器，其界面非图形化，不支持鼠标操作，全国计算机等级考试也早已停止了Turbo C 2.0的使用，因此本书删除了第三版中Turbo C 2.0实验环境的介绍。需要说明的是，目前流行的C语言开发工具远不止Visual C++一种，像DEV C++、Netbeans C++、Eclipse等也都是不错的可用于C/C++的集成开发工具。

　　第三部分(第12章)配合各章内容，给出了10个上机实验，这些以知识点为主线设计的实验题目兼具趣味性和实用性，循序渐进地指导读者完成程序设计。通过这些实验，强化读者编程训练，以掌握程序设计的基本方法和技巧。

　　本书最后附有三套模拟试题和两套全国计算机等级考试二级笔试试题。读者可通过这几套试题，检验对C语言的掌握程度，并根据存在的问题进行有针对性的强化学习。

　　希望这套书能给众多的C语言初学者以切实的帮助。书中难免有不妥之处，恳请广大读者批评指正。

编　者

2019年2月

目　录

C 语 言 概 述

1.1　本 章 要 求

本章要求了解计算机的基本常识，熟练掌握各种数制的表示形式和转换方法；了解程序开发方法和过程，知道 C 语言的发展简史，掌握 C 语言的各种特点；掌握算法的基本概念、特点、表示方法及算法细化。本章是学习 C 语言的基础，初学者应多下功夫，掌握与语言开发相关的各种知识。

1.2　本章内容要点

（1）计算机的基本组成部件包括 CPU、内存、总线、辅助存储设备和输入/输出设备。

（2）数制是指用一组固定的数字和一套统一的规则来表示数目的方法。常用的数制有十进制、二进制、八进制及十六进制。数制之间可相互转换。

（3）算法是一种解决问题的策略，它必须满足三个基本要求，即有穷性、确定性和有效性。算法的表示方法很多，常用的有自然语言法、伪代码表示法和流程图表示法。

（4）软件开发的主要步骤有：问题分析，程序设计，程序编码，程序测试，文档及程序维护。

（5）计算机语言是人与计算机之间传递信息的媒介，是一个能完整、准确和规则地表达人们的意图，并用以指挥或控制计算机工作的"符号系统"。计算机语言通常分为三类，即机器语言、汇编语言和高级语言。

（6）C 语言是由贝尔实验室的 K. Thompson 和 D. M. Ritchie 为描述和实现 UNIX 操作系统而设计的。随着 UNIX 的日益广泛使用，C 语言也迅速得到推广，经多次改进后已移植到大、中、小、微型机上，成为世界上应用最广泛的几种计算机语言之一。C 语言既具有高级语言的特点，又具有低级语言的功能，可用来编写应用软件和系统软件，具有控制结构强大、运行速度快、代码紧凑、可移植性好等优点。

（7）用 C 语言编写程序的过程是：确定程序目标，设计程序，编写代码，编译，执行程序，测试与调试，维护与更新。

1.3 习　　题

1. 单项选择题

(1) C程序的基本单位是_____。

  A) 标识符   B) 函数   C) 表达式   D) 语句

(2) C程序是由_____构成的。

  A) 主程序与子程序   B) 主函数与若干子函数

  C) 一个主函数与一个其它函数   D) 主函数与子程序

(3) 一个C语言程序总是从_____开始执行的。

  A) 书写顺序的第一个函数   B) 书写顺序的第一条执行语句

  C) 主函数 main( )   D) 不确定

(4) 在C语言程序中, main 函数_____。

  A) 必须作为第一个函数   B) 必须作为最后一个函数

  C) 可以任意放置   D) 必须放在它所调用的函数之后

(5) 以下叙述中不正确的是_____。

  A) 在C语言程序中, 注释说明只能位于一条语句的后面

  B) 注释说明被计算机编译系统忽略

  C) 注释说明必须括在“/ *”和“ * /”之间, 注释符必须配对使用

  D) 注释符“/”和“ * ”之间不能有空格

(6) 关于算法特点的叙述中, 不正确的是_____。

  A) 仅有有限的操作步骤, 即无死循环

  B) 算法的每一个步骤应当是确定的, 即无二义性

  C) 有适当的输入, 可以没有输出

  D) 算法中的每一个步骤都应当有效地执行, 即无死语句

(7) 一个C程序的执行从_____。

  A) 本程序的 main 函数开始, 到 main 函数结束

  B) 本程序文件的第一个函数开始, 到本程序文件的最后一个函数结束

  C) 本程序文件的 main 函数开始, 到本程序文件的最后一个函数结束

  D) 本程序文件的第一个函数开始, 到本程序 main 函数结束

(8) 以下叙述正确的是_____。

  A) 在对一个C程序进行编译的过程中, 可发现注释中的拼写错误

  B) 在C程序中, main 函数必须位于程序的最前面

  C) C语言本身没有输入输出语句

  D) C程序的每行中只能写一条语句

2. 填空题

(9) 一个C程序有且仅有一个_____函数和_____个其它函数。

(10) C程序的执行是从_____开始的。

（11）C 程序的语句分隔符是_____。

（12）为解决一个问题而采取的_____称为算法。

（13）C 程序实际上也是一种_____。

（14）十进制、二进制、八进制和十六进制数制的基数分别是_____、_____、_____和_____。

（15）不论是在二进制、八进制、十进制还是在十六进制数制中，任何数最右边数位的位值通常等于_____。

（16）不论是在二进制、八进制、十进制还是在十六进制数制中，任何数的次右边数位的位值通常等于_____。

（17）转义字符_____可以使光标移到屏幕的下一行。

（18）编译程序可以发现源程序中的_____错误。

（19）_____是中央处理器的高速存储空间。

（20）计算机系统的物理部件统称为_____；计算机运行的程序统称为_____。

（21）负责分配计算机资源并控制用于与硬件交互的软件是_____。

（22）用某种编程语言编写一个程序来表示你的算法，这个过程我们称之为_____。

3. 算法题

（23）用传统流程图形式表示下列各题的算法：

① 设计算法，根据如下函数及输入的 x，求出相应的 y 值。

$$y = \begin{cases} x & x > 0 \\ 2x + 1 & x = 0 \\ 3x^2 + 1 & x < 0 \end{cases}$$

② 求一组整数的乘积。

③ 素数是只能被 1 和自身整除的数。判断一个数 n 是否为素数，可以让 n 除以 2～n−1 之间的每一个数，如果 n 能被其中的一个整除，则 n 不是素数，否则 n 是素数。

根据上述思想，设计算法并用流程图形式表示，判断输入的整数 x 是否为素数，并给出判断结果。

④ 若列表包含以下元素：8　23　12　6　100　−7　10，用顺序查找法查找值为 34 的元素。用流程图形式表示顺序查找算法。

⑤ Fibonacci 数列前几个数为 0，1，1，2，3，5，…，其规律是：

$$F_1 = 0 \qquad (n=1)$$
$$F_2 = 1 \qquad (n=2)$$
$$F_n = F_{n-1} + F_{n-2} \qquad (n \geq 3)$$

设计算法求出数列中的第 10 项。

⑥ 设计算法求出 $1 + \dfrac{1}{3} + \dfrac{1}{5} + \cdots + \dfrac{1}{50}$ 的和。

⑦ 百钱百鸡问题。已知公鸡 5 个钱 1 只，母鸡 3 个钱 1 只，小鸡 1 个钱 3 只，用 100 个钱买了 100 个鸡，问公鸡、母鸡和小鸡各几只？

⑧ 猴子吃桃问题。猴子摘了一堆桃，第一天吃了一半，还嫌不过瘾，又吃了一个；第二天又吃了剩下的一半零一个；以后每天如此。到第 n 天，猴子一看只剩下一个了。问最

初有多少个桃子?

4. 思考题

(24) 从互联网上找一个简单的 C 源程序,拷贝到 VC 工程中,编译执行。在此过程中,画出该程序的算法流程图、记录(截图)整个编译执行过程中的各种错误信息,分析并给出改正这些错误的方法。

(25) 输入一个十进制整数,转换成对应的二进制数和十六进制数并输出。画出算法流程图,给出正负整数在计算机内存中的保存格式的截图,并予以解释。

1.4 部分习题答案

1. 单项选择题答案

(1) B)　　(2) B)　　(3) C)　　(4) C)　　(5) A)　　(6) C)

(7) A)　　(8) C)

2. 填空题答案

(9) main( )　若干　　(10) main( )函数的第一个可执行语句　　(11) 分号

(12) 方法和步骤　　(13) 算法　　(14) 10　2　8　16

(15) 1　　(16) 该数值的基数　　(17) \n　　(18) 语法

(19) 寄存器　　(20) 硬件　软件　　(21) 操作系统　　(22) 编码

3. 算法题答案(部分)

(23) 用传统流程图形式表示下列各题的算法。

②　　　　　　　　　　　　　　　　　　③

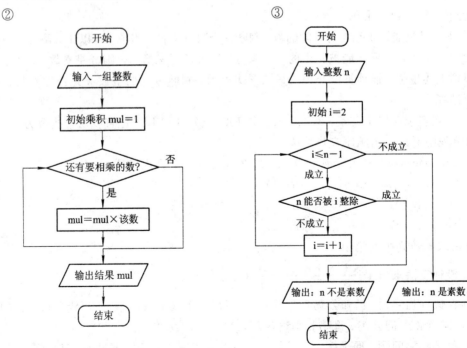

图 1.1　求一组整数乘积算法的流程图　　　图 1.2　判断整数是否为素数算法的流程图

⑥

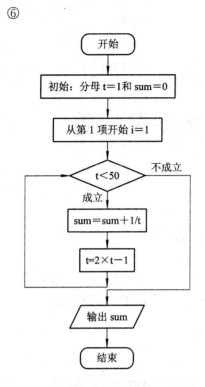

图 1.3　求分式表达式和算法流程图

⑧

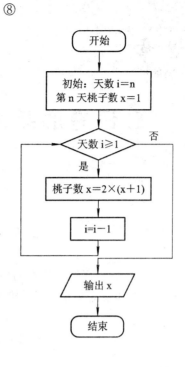

图 1.4　猴子吃桃问题算法的流程图

第 2 章

C 语言的基本数据类型及运算

2.1　本 章 要 求

本章要求掌握 C 语言中最基本的要素：标识符、关键字、常量、变量、运算符和表达式，以及它们的分类、定义和使用。其中变量、运算符和表达式是本章的重点。

2.2　本章内容要点

(1) C 语言中的标识符是所有名字(如变量名、函数名等)的总称，是由字母、下划线打头，后跟字母、数字和下划线组成的字符序列。对于标识符，大小写字母是有区别的。

(2) C 语言有 32 个关键字，不能再用作标识符。它们可构成 C 语言的各种语句和结构。

(3) C 语言的数据类型分为基本类型、构造类型和指针类型。基本类型包含字符型、整型、实型、双精度型和无值型；构造类型包含数组、结构体和共用体以及枚举型；指针类型是所有类型指针的总称。

(4) 不同数据类型占不同的内存长度，有不同的值域，需牢记。

(5) 在程序运行过程中，其值不能改变的量称为常量，其值可以改变的量称为变量。

(6) 常量、变量具有相应的数据类型。

程序中的每个变量都必须进行类型说明，即变量必须先定义、后使用。在定义变量的同时还可初始化变量。

(7) 字符常量'a'只占一个字节；字符串常量"a"占两个字节，多一结束符'\0'。

(8) 运算符按功能分为算术、关系、逻辑、位运算、赋值、条件、逗号和其它类运算符。对每种运算符应注意其优先级和结合方向。

(9) 求余运算符％只适用于整型数据。＋＋x 表示先增值后使用，x＋＋表示先使用再增值，＋＋、－－是 C 语言的一个难点。单目运算符、三目运算符和赋值运算符是特殊的从右向左结合的，其余运算符为常规的从左向右结合。( )可以改变运算的优先次序。

(10) 运算符、常量以及变量构成了表达式。表达式的分类同运算符一样。混合运算时，类型转换的顺序由低到高(当然也可采用强制类型转换)，转换结果只有 int、long、double 三种。

（11）在关系和逻辑表达式中，C语言比较特殊，没有专门的逻辑量，而是将非零当作真，零当作假，运算的结果只有 1(真)和 0(假)两种。

2.3　习　　题

1. 单项选择题

（1）下列四组选项中，均是C语言关键字的选项是_____。

A) auto　　　　　　B) switch　　　　　C) signed　　　　　D) if

　　enum　　　　　　　typedef　　　　　　union　　　　　　struct

　　include　　　　　continue　　　　　scanf　　　　　　type

（2）C语言中的标识符只能由字母、数字和下划线组成且第一个字符_____。

A）必须为字母

B）必须为下划线

C）必须为字母或下划线

D）可以是字母、数字或下划线中的任一种

（3）C语言中各种基本数据类型所占存储空间长度的排列顺序为_____。

A）char ≤ long ≤ int ≤ float ≤ double

B）double ≤ float ≤ long ≤ int ≤ char

C）char ≤ int ≤ float ≤ long ≤ double

D）float ≤ int ≤ long ≤ char ≤ double

（4）合法的常量是_____。

A）'basic'　　　　　　B）−e8　　　　　　C）02x　　　　　　D）0xfeL

（5）设 int a＝3；结果为 0 的表达式是_____。

A）2％a　　　　　　B）a/＝a　　　　　　C）！a　　　　　　D）～a

（6）C语言用_____表示逻辑为"假"。

A）FALSE　　　　　　B）F　　　　　　　C）非零值　　　　　　D）整数 0

（7）根据以下定义可知 k 的正确值是_____。

enum {a, b＝6, c, d＝4, e} k;

k＝e;

A）3　　　　　　B）4　　　　　　　C）5　　　　　　　D）9

（8）以下枚举类型名的定义中正确的是_____。

A）enum a＝{one, two, three};

B）enum a {one, two, three};

C）enum a＝{"one", "two", "three"};

D）enum a＝{one＝9, two＝−1, three};

（9）关于运算符优先顺序的描述中正确的是_____。

A）关系运算符＜算术运算符＜赋值运算符＜逻辑与运算符

B）逻辑与运算符＜关系运算符＜算术运算符＜赋值运算符

C）赋值运算符＜逻辑与运算符＜关系运算符＜算术运算符

D) 算术运算符＜关系运算符＜赋值运算符＜逻辑与运算符

(10) 判断 char 型变量 ch 是否为大写字母的正确表达式是_____。

A) $'A'<=ch<='Z'$　　　　　　　B) $('A'<=ch)AND('Z'>=ch)$

C) $(ch>='A')\&(ch<='Z')$　　　D) $(ch>='A')\&\&(ch<='Z')$

(11) 要求当 A 的值为奇数时,表达式的值为真;当 A 的值为偶数时,表达式的值为假,以下不满足要求的表达式是_____。

A) $A\%2==2$　　　B) $!(A\%2==0)$　　　C) $!(A\%2)$　　　D) $A\%2$

(12) 设 int x＝3,y＝4,z＝5;则下列表达式中值为 0 的是_____。

A) $'x'\&\&'y'$　　　　　　　　B) $x\|y+z\&\&y-z$

C) $x<=y$　　　　　　　　　　D) $!((x<y)\&\&!z\|1)$

(13) 表达式 $\sim a\&b\|c<d$ 的运算顺序是_____。

A) $\sim,<,\&,\|$　　　　　　　B) $\sim,\&,\|,<$

C) $\sim,\&,<,\|$　　　　　　　D) $\sim,\|,\&,<$

(14) 表达式 $0x13\&0x17$ 的值是_____。

A) 0x17　　　　B) 0x13　　　　C) 0xf8　　　　D) 0xec

(15) 下列程序段运行后变量 z 的二进制值是_____。

char x＝3 , y＝6, z;

z＝x∧y＜＜2;

A) 00010100　　　B) 00011011　　　C) 00011100　　　D) 00011000

(16) 假设所有变量均为整型,则表达式(a＝2,b＝5,b＋＋,a＋b)的值是_____。

A) 2　　　B) 6　　　C) 7　　　D) 8

(17) 若有定义 int a＝7;float x＝2.5,y＝4.7;则表达式 $x+a\%3*(int)(x+y)\%2/4$ 的值是_____。

A) 2.500000　　　B) 2.750000　　　C) 3.500000　　　D) 0.00000

(18) 字符串 "ab\034\\\x79"的长度为_____。

A) 5　　　B) 6　　　C) 7　　　D) 12

(19) 若 t 为 int 型,表达式 t＝1,t＋5,t＋＋的值是_____。

A) 1　　　B) 2　　　C) 6　　　D) 7

2. 填空题

(20) 有符号串如下:

① arry　　② Arry　　③ n!　　④ No　　⑤ No.

⑥ N_1　　⑦ N－1　　⑧ 0_1　　⑨ Char　　⑩ _char

⑪ character　⑫ String　⑬ _String　⑭ s_string　⑮ S_tring

其中_____不可以作为 C 语言标识符。

(21) 有符号串如下:

① 256　　　② 0256　　　③ 0X1234　　　④ 0x23.5

⑤ "123.0"　　⑥ 'A'　　　⑦ "0"　　　⑧ '\0'

⑨ 078　　　⑩ 1.234e3　　⑪ "0x1234"　　⑫ 0x1234

⑬ 1234.0　　⑭ 1234　　　⑮ 01234

其中_____为不合法的 C 语言常量，与③相同的合法常量是_____，与⑬相同的合法常量是_____。

(22) 以下转义字符中不正确的是_____。

①　'\\'　　　　②　'\"　　　　③　'\"'　　　　④　'074'

⑤　'\0'　　　　⑥　"\n"　　　　⑦　'\t'　　　　⑧　'\xec'

⑨　"\074"　　　⑩　'\129'

(23) 若 int x＝1，y＝2；则表达式 1.0＋x/y 的值是_____。

(24) 设 a 为 int 型变量，请写出描述"a 是偶数"的表达式_____。

(25) 若 int x＝3，y＝－4，z＝5；则表达式(x&&y)＝＝(x‖z)的值是_____。

(26) 若 char a，b；若要通过 a&b 运算屏蔽掉 a 中的其它位，只保留第 2 和第 8 位(右起为第 1 位)，则 b 的二进制数是_____。

(27) 设二进制数 x 的值是 11001101，若想通过 x&y 运算使 x 中低四位不变，高四位清零，则 y 的二进制数是_____。

(28) 设 x＝10100011，若要通过 x∧y 使 x 高四位取反，低四位不变，则 y 的二进制数是_____。

(29) 已知字母 a 的 ASCII 码为十进制数 97，设 ch 为 char 型变量，则表达式 ch＝'a'＋'7'－'2'的值为_____。

3. 改错题

(30) 找出下列程序中的 4 处错误并改正。

```
# include <stdio.h>
void main( )
{
  int a＝1，b＝c＝5，t＝326845；
  const int d＝5; char ch＝"A";
  d＝b*c;
  printf("ch＝%c，d＝%d，t＝%ld\n", ch, d, t);
}
```

(31) 请改正下列程序中不符合 C 语言规则的地方。

```
# include <stdio.h>
#define pi＝3.14159;                 /* 注 1 */
main( )
{
   int a＝b＝c＝5，d;               /* 注 2 */
  char ch＝"a";                       /* 注 3 */
  float enum, pi;                     /* 注 4 */
  d＝a+1＝b;                         /* 注 5 */
  if(enum＝pi>3)   pi＝2*enum*c;    /* 注 6 */
  printf("圆周长为%f\n", pi);
}
```

2.4　部分习题答案

1. 单项选择题答案

(1) B)　　(2) C)　　　　(3) C)　　　　　(4) D)　　　　　(5) C)

(6) D)　　(7) C)　　　　(8) B)　　　　　(9) C)　　　　　(10) D)

(11) C)　　(12) D)　　　(13) A)　　　　(14) B)　　　　(15) B)

(16) D)　　(17) A)　　　(18) A)　　　　(19) A)

2. 填空题答案

(20)　③ ⑤ ⑦ ⑧　(21)　④ ⑨，⑫，⑩　(22)　④ ⑥ ⑨ ⑩

(23)　1.000000　(24)　(a%2)==0　(25)　1

(26)　10000010　(27)　00001111　(28)　11110000

(29)　'f'或 102

3. 改错题答案

(30) 原程序如下：

```
# include <stdio. h>
void main( )          注1      注2
{
    int a=1, b=c=5, t=326845;
    const int d=5; char ch="A";     注3
    d=b*c;     注4
    printf("ch=%c, d=%d, t=%ld\n", ch, d, t);
}
```

分析：

注 1 为初始化形式错，连等可以作为赋值语句，但初始化时不行，编译程序会认为变量 c 未定义即使用，会给出错误提示 Undefined symbol 'c' in function main(主函数中符号 c 未定义)。C 语言要求对程序中用到的每一个变量都必须"先定义、后使用"，即每个变量在使用前都要定义其类型。

注 2 为整型变量 t 所赋的值 326845 超过了整型数的最大值 32767(Turbo C 环境下)；编译会通过，但执行时得到的结果是错的。

注 3 字符'A'写成了字符串形式；编译程序给出的错误提示为 Non-portable pointer assignment in function main(主函数中不可移动的指针赋值)。此例错误提示与实质相差较大，可知错误提示有时仅供参考。

注 4 的表达式左边的 d 是一符号常量，在程序运行过程中不应再改变，不允许赋值。编译程序给出的错误提示为 Cannot modify a const object in function main(不允许修改常量对象)。

(31) 注 1 行是宏定义，宏名应为大写，宏名与字符串之间无等号，最后无分号。

注 2 行不能连续赋初值。

注 3 行 ch 赋初值应是字符'a'，而不是字符串"a"。

注 4 行 enum 是关键字，不能作变量标识符，而变量 pi 与宏名重名，将来在此被代换成 3.14159。

注 5 行赋值语句 a+1=b 左边不能是表达式。

注 6 行 enum=pi 少一对括号，这样因关系运算符的优先级高于赋值运算符，enum 得到的值是 1.0 而不是 3.14159，而 pi 也应是大写的宏名。

改正后的程序应是：

```
# include <stdio.h>
#define PI 3.14159
void main( )
{
    int a=5，b=5，c=5，d；
    char ch='a'；
    float num，pi；
    d=a+1；
    a=b-1；
    if((num=PI)>3) pi=2*num*c；
    printf("圆周长为%f\n"，pi)；
}
```

C 程序设计初步

3.1 本 章 要 求

本章要求重点掌握结构化程序设计思想、设计方法和结构化程序的标准。任何功能的程序都可通过顺序结构、分支结构和循环结构所组合的程序模块来实现。本章主要应掌握顺序结构的程序设计,其中包括赋值语句和输入输出函数调用语句。

3.2 本章内容要点

(1) 一个好的程序应具有良好的结构,容易阅读和理解,即"清晰第一、效率第二"。

(2) 一个大程序的设计应采取"自顶向下、逐步细化、模块化"的方法。

(3) 结构化程序的标准是任何程序均由顺序、分支和循环三种基本模块组成;不允许随意跳转;任何程序模块不论大小,应只有一个入口、一个出口,没有死语句,没有死循环。

(4) 每一个函数可分成说明部分和执行部分。C 语句均是执行语句。

(5) C 语句可分为单个语句、复合语句和空语句。一个语句可写在多行上,多个语句也可写在一行上(为调试方便,通常一行一条语句)。复合语句是由{ }括起的多个语句。

(6) 赋值语句中的赋值号"="是赋值运算符,它的执行过程是先计算右边表达式的值,再转换成左边变量的类型,再赋值。在所有 C 运算符中,除逗号运算符外赋值运算符的优先级最低。

(7) 用 putchar( )函数可输出一个字符;用 printf( )函数可输出多个具有不同格式的数据。

(8) 用 getche( )函数可输入一个字符,同时要了解其两个变体 getch( )和 getchar( )。用 scanf( )函数可输入多个不同格式的数据,要注意参量表内是地址序列。重点要掌握printf( )和 scanf( )两个函数。

3.3　习　　题

1. 单项选择题

(1) 下列叙述中不正确的是_____。

　　A) C 语言没有输入输出语句

　　B) 根据 C 语言的语法，语句可分为单个语句、复合语句和空语句

　　C) 逻辑上每个 C 语句最后都必须有一个分号

　　D) 复合语句是由圆括号括起来的若干个语句构成的

(2) 下列叙述中正确的是_____。

　　A) 赋值语句可以出现在表达式能出现的地方

　　B) 赋值语句中的"＝"表示左边变量等于右边表达式

　　C) 赋值语句左边变量的值不一定等于右边表达式的值

　　D) x＝y＝a; 不是赋值语句

(3) 下列关于输入的叙述中，不正确的是_____。

　　A) getche( )用于等待从键盘上键入一个字符，不必回车

　　B) 分隔数据的空白字符有空格、跳格、换行、\0 和数字 0

　　C) 结束数值数据输入方法有：满足格式长度，遇到空白字符或非法字符

　　D) scanf( )函数参量表中，变量名前必须加符号 &

(4) 下面程序要求从键盘上输入值并打印出来，请选择正确的输入方法_____。

```
# include <stdio. h>
void main( )
{
    int a, b;
    scanf("please input a and b:%d %d", &a, &b);
    printf("a=%d, b=%d\n", a, b);
}
```

　　A) 5, 6　　　　　　B) please input a and b:5 6　　　　　C) 5↙6　　　　　D) 5 6

(5) 若有定义：int x, y; char a, b, c; 并有以下输入数据:x=1 2 ↙A B C↙，则能给 x 赋整数 1，给 y 赋整数 2，给 a 赋字符 A，给 b 赋字符 B，给 c 赋字符 C 的正确程序段是_____。

　　A) scanf("x%d y=%d", &x, &y);

　　　　a=getch( ); b=getch( ); c=getch( );

　　B) scanf("x=%d%d", &x, &y);

　　　　a=getch( ); b=getch( ); c=getch( );

　　C) scanf("x=%d%d%c%c%c", &x, &y, &a, &b, &c);

　　D) scanf("x=%d%d %c%c%c%c%c", &x, &y, &a, &b, &b, &c, &c);

(6) 以下程序执行的结果是_____。

```
# include <stdio. h>
```

```
void main( )
{
    int a=2, b=3;
    printf("a=%%d, b=%%d\n", a, b);
}
```

A) a=%2, b=%3   B) a=2, b=3

C) a=%%d, b=%%d   D) a=%d, b=%d

(7) printf 函数中用到格式符%5s, 其中 5 表示输出的字符串占 5 列。如果字符串长度大于 5, 则输出按_____方式; 如果字符串长度小于 5, 则输出按_____方式。

A) 从左起输出该字符串, 右补空格

B) 按原字符长度从左向右全部输出

C) 右对齐输出该字符串, 左补空格

D) 输出错误信息

(8) putchar 函数可以向终端输出一个_____。

A) 字符或字符型变量值   B) 字符串

C) 整型变量表达式的值   D) 实型变量值

2. 填空题

(9) 程序的三种基本结构是_____、_____、_____。

(10) getchar( )函数的作用是_____。

(11) 一个符合结构化程序设计思想的程序模块应该是"只有一个入口、_____, 没有死循环, 没有死语句"。

(12) 以下程序的输出结果是_____。

```
# include <stdio.h>
void main( )
{
    float a=3.14, b=-3.1415;
    printf("a=%f, %e, %.4e, %10.4e\n", a, a, a, a);
    printf("b=%4.3f, %.5e, %-12.5e\n", b, b, b);
}
```

(13) 以下程序的输出结果是_____。

```
# include <stdio.h>
void main( )
{
    int a=252; double x=3.1415926;
    printf("a=%o a=%#o\n ", a, a);
    printf("a=%x a=%#x\n", a, a);
    printf("a=%+06d x=%+e\n", a, x);
}
```

3. 编程题

(14) 输入一个华氏温度，要求输出摄氏温度，公式为 $C=\dfrac{5}{9}(F-32)$。输出要有文字说明，取两位小数。

(15) 用 scanf( ) 函数输入数据，使 $a=10$，$b=20$，$c1='A'$，$c2='a'$，$x=1.5$，$y=-3.75$，$z=67.8$，请问在键盘上如何输入数据？

(16) 键入小写字符 man，输出大写的 MAN。

(17) 设圆半径 r＝1.5，圆柱高 h＝3，求圆周长、圆面积、圆球表面积、圆球体积、圆柱体积。用 scanf( ) 输入数据，输出计算结果。输出时要有文字说明，取小数点后两位数字。

(18) 编写一个程序，从键盘输入一个小写字母，分别按八进制、十进制、十六进制、字符格式在屏幕上输出，并显示该字母在内存中的存储地址。

3.4　部分习题答案

1. 单项选择题答案

(1) D)　　　　(2) C)　　　　(3) B)　　　　(4) B)

(5) B)　　　　(6) D)　　　　(7) B) C)　　　(8) A)

2. 填空题答案

(9) 顺序，选择，循环

(10) 从键盘上接收一个字符

(11) 一个出口

(12) $a=3.140000$, $3.14000e+00$, $3.140e+00$, $3.140e+00$

　　$b=-3.142$, $-3.1415e+00$, $-3.1415e+00$

(13) $a=374$　　　$a=0374$

　　$a=fc$　　　$a=0xfc$

　　$a=+00252$　　　$x=+3.14159e+00$

3. 编程题参考答案（部分）

(14)

```
/* 根据输入的华氏温度，计算其对应的摄氏温度 */
#include <stdio.h>
int main()
{
    float cel,fah;
    printf("Input Fahrenheit temperature:");
    scanf("%f",&fah);
    cel=(5/9.0)*(fah-32);
    printf("Celsius temperature is:%.2f\n",cel);
```

```
        return 0;
    }
(16)
    /* 将小写字符 man 转换为大写字符 MAN */
    #include <stdio.h>
    int main()
    {
        char ch1,ch2,ch3;
        printf("输入小写字母 man:");
        scanf("%c%c%c",&ch1,&ch2,&ch3);
        printf("%c%c%c\n",ch1-32,ch2-32,ch3-32);
        return 0;
    }
(18)
    /* 输出小写字母对应的八进制、十进制、十六进制和字符格式 */
    #include <stdio.h>
    int main()
    {
        char ch;
        printf("输入一个小写字母:");
        scanf("%c",&ch);
        printf("八进制%o 十进制%d 十六进制 %0x 字符格式%c\n",ch,ch,ch,ch);
        printf("内存地址 %0x\n",&ch);
        return 0;
    }
```

分支结构的 C 程序设计

4.1　本　章　要　求

分支结构是结构化程序设计中三种基本结构之一。要求能正确描述分支结构中的关系表达式和逻辑表达式，这是分支结构设计的基础。掌握单分支的 if 语句和双分支的 if - else 语句，在进行多分支结构编程时，要求能借助于流程图理顺逻辑关系，正确使用 if 语句的嵌套结构或 switch 语句，其中 if 语句的嵌套和 switch 也是本章的难点。另外，要能灵活运用条件运算符，了解条件运算符在分支结构中的使用。

4.2　本章内容要点

(1) C 语言中逻辑真、假分别用 1 和 0 表示，在判断一个逻辑量的真、假时，非 0 为真，0 为假。

(2) if 语句简单形式的执行过程是：当条件满足时执行 if 后的语句，条件不满足时则不执行。

(3) if - else 结构的执行过程是当条件满足时执行 if 后的语句，否则执行 else 后的语句。

(4) if 语句嵌套即在 if 语句中又包含 if 语句。应注意实质上的层次关系：从内层开始，else 总是与它上面最近（未曾配对）的 if 配对。不同层次程序的书写及编辑一定要采用缩进形式，增强程序的可读性。

(5) else - if 结构与 if 语句嵌套是不同的。if 语句嵌套在不同的层次上，条件是相容的；而 elseif 结构居于同一层次，条件是不相容的。

(6) 条件运算符的使用可以使 C 程序更精练，但它只能代替 if - else 结构中的一种最简形式——其中的语句是表达式语句的情况。if - else 结构中的语句还可以是复合语句。

(7) switch 语句常用于多分支结构。它的语句形式比较特别：每个 case 后的语句是多个语句的序列，不需要复合成一条语句。case 后的常量是整数值，字符常量会自动转换成它的 ASCII 码值。同级 case 常量不能有相同的值。switch 语句的执行过程不像 if 那样进行条件判断，而是根据表达式的值与 case 后的常量比较，找到相等的 case 常量，即匹配的入口标号，程序从此执行下去，不再判断。若希望只执行一个开关，必须在 case 后的语句中加 break 语句。

4.3 习　　题

1. 单项选择题

(1) 下列运算符优先级关系正确的是_____。

　　A) "!">"&&">"/">">="

　　B) "!">"/">">=">"&&"

　　C) "!">"/">"&&">">="

　　D) "/">"!">"&&">">="

(2) 能表达关系 x<y<z 的表达式是_____。

　　A) (x<y)&&(y<z)　　　　　　　　　B) (x<y) AND (y<z)

　　C) (x<y<z)　　　　　　　　　　　 D) (x<y) & (y<z)

(3) 执行语句 a=1+5<8&&2+6||! 10<3;后，a 的值为_____。

　　A) 1　　　　　　　　　　　　　　　B) 0

　　C) 2　　　　　　　　　　　　　　　D) 6

(4) 下列描述正确的是_____。

　　A) if 语句中条件表达式只能是关系表达式或逻辑表达式

　　B) break 语句只能用于循环语句中

　　C) if 语句中条件表达式的括号不能省略

　　D) if 语句中 else 应与离它最近的 if 语句匹配

(5) A 为奇数时表达式的值为真，否则为假，不能满足此要求的表达式是_____。

　　A) A%2==1　　　　　　　　　　　 B) !(A%2==0)

　　C) ! (A%2)　　　　　　　　　　　　D) A%2

(6) 为了避免嵌套的 if - else 语句的二义性，C 语言规定 else 总是与_____组成配对关系。

　　A) 缩进位置相同的 if　　　　　　　 B) 在其之前未配对的 if

　　C) 在其之前最近的未配对的 if　　　　D) 同一行上的 if

(7) 设 int a=0，b=5，c=2;可执行 x++的语句是_____。

　　A) if(a) x++;　　　　　　　　　　　B) if(a=b) x++;

　　C) if(a=<b) x++;　　　　　　　　　 D) if(! (b−c)) x++;

(8) 下列程序段运行后，x 的值是_____。

```
int a, b, c, x;
a=b=c=0; x=35;
if(! a)x−−;
else if(b);
if(c)x=3;
else x=4;
```

　　A) 3　　　　　　B) 4　　　　　　C) 34　　　　　　D) 35

(9) 下列程序段运行后 i 的值是_____。

```
int   i=10;
switch(i+1)
{
  case 10:i++;break;
  case 11:++i;
  case 12:++i;break;
  default:i=i+1;
}
```

A) 11　　　　　　　B) 13　　　　　C) 12　　　　　　　D) 14

(10) 若 w＝1，x＝2，y＝3，z＝4，则条件表达式 w＞x? w:y＜z? y:z 的值是_____。

A) 4　　　　　　　　　　　　　B) 3

C) 2　　　　　　　　　　　　　D) 1

(11) 设 x、y 和 z 是 int 型变量，且 x＝3，y＝4，z＝5，则下面表达式中值为 0 的是_____。

A) 'x'&&'z'　　　　　　　　　　B) x<=z

C) x || y+z && y-z　　　　　　D) !((x<y) && !z || 1)

(12) 有一函数关系如下：

$$y=\begin{cases} -1 & (当\ x<0\ 时) \\ 0 & (当\ x=0\ 时) \\ 1 & (当\ x>0\ 时) \end{cases}$$

下面程序段中能正确表示上面关系的是_____。

```
A) if (x<=0)              B) y=0;
     if (x<0) y=-1;            if (x<=0)
     else y=0;                   if (x<0) y=-1;
   else y=1;                   else y=1;

C) y=1;                   D) y=-1;
     if (x>=0)                 if (x!=0)
       if (x==0) y=0;             if (x<0) y=-1;
     else y=-1;                 else y=0;
```

(13) 已知 int x=1，y=2，z=3；以下语句执行后 x、y、z 的值是_____。

```
if (x>y)
z=x; x=y; y=z;
```

A) x=1，y=2，z=3　　　　　　B) x=2，y=3，z=3

C) x=2，y=3，z=1　　　　　　D) x=2，y=2，z=2

(14) 以下程序运行的结果是_____。

```
void main()
{
```

```
            int m=5;
            if (m++>5) printf ("%d\n", m);
            else printf ("%d\n", m――);
        }
```

  A) 4   B) 5   C) 6   D) 7

(15) 判断 char 型变量 ch 是否为小写字母的正确表达式是_____。

  A) $'a'<=ch<='z'$ B) (ch$>='a'$) & (ch$<='z'$)

  C) (ch$>='a'$) && (ch$<='z'$)   D) ($'a'<=$ch) AND ($'z'>=$ch)

2. 填空题

(16) 以下两条 if 语句可合并成一条 if 语句为_____。

```
    if(a<=b) x=1;
    else y=2;
    if (a>b) printf(" * * y=%d\n", y);
    else printf(" # # x=%d\n", x);
```

(17) 以下程序的运行结果是_____。

```
    # include <stdio. h>
    void main ( )
    {
        if(2 * 2==5<2 * 2==4) printf("TRUE\n");
        else printf("FALSE\n");
    }
```

(18) 以下程序实现输出 a、b、c 三个数中的最大者,请在_____内填入正确的内容。

```
    # include <stdio. h>
    void main( )
    {
        int a=4, b=6, c=7;
        int ____①____ ;
        if(____②____ ) d=a;
        else d=b;
        if(____③____ ) e=d;
        else e=c;
        printf("max=%d\n", e);
    }
```

(19) 以下程序对输入的两个整数按从大到小的顺序输出。请在_____内填入正确内容。

```
    # include <stdio. h>
    void main( )
    {
        int a, b, c;
        scanf("%d, %d", &a, &b);
```

```
    if(_____①_____)
    { c=a;_____②_____}
    printf ("%d, %d\n", a, b);

}
```

(20) 输入一个字符,如果它是一个大写字母,则把它变成小写字母;如果它是一个小写字母,则把它变成大写字母;其它字符不变。请在_____内填入正确内容。

```
    ♯ include<stdio. h>
    ♯ include<conio. h>
    void main( )
    {
      char ch;
      ch=getche( );
      if(_____①_____)  ch=ch+32;
      else if(ch>='a'&&ch<='z')  _____②_____;
      printf ("%c\n", ch);
    }
```

(21) 根据以下 if 语句所给的条件,写出等价的 switch 语句,使它完成相同的功能,(假定 score 取值在 0~100 之间)。请在_____内填入正确内容。

```
    if 语句:
    if(score<60)          k=1;
    else if (score<70)    k=2;
    else if (score<80)    k=3;
    else if (score<90)    k=4;
    else if (score<=100)  k=5;
```

等价的 switch 语句:

```
    switch (_____①_____)
    {_____②_____ k=1; break;
      case 6:       k=2; break;
      case 7:       k=3; break;
      case 8:       k=4; break;
      _____③_____ k=5;
    }
```

(22) 以下程序的运行结果是_____。

```
    void main()
    {
      int a=2, b=3, c;
      c=a;
      if (a>b) c=1;
      else if (a==b) c=0;
```

```
        else c=-1;
      printf ("%d\n", c);
   }
```

(23) 从键盘输入一个字符,判断该字符是数字字符、大写字母、小写字母、空格还是其它字符。请填空。

```
   void main()
   {
      char ch;
      ch=getchar();
      if (_____①_____)
         printf (" It is an English character! \n");
      else
         if (_____②_____)
            printf ( "It is a digit character!\n");
         else
            if (_____③_____)
               printf ("It is a space character! \n");
            else
               printf ( "It is other character! \n");
   }
```

(24) 设有程序片段:

```
   switch (grade)
   {
      case 'A': printf ("85 - 100\n");
      case 'B': printf ("70 - 84\n");
      case 'C': printf ("60 - 69\n");
      case 'D': printf ("error! \n");
   }
```

若 grade 的值为'C',则输出结果是_____。

(25) 以下程序的功能是判断输入的年份是否是润年。请填空。

```
   void main()
   {
      int year, f;
      scanf ("%d", &year);
      if (year%400==0) f=1;
      else if (_____①_____) f=1;
         else ____②____ ;
      if (f) printf ("%d is", year);
      else printf ("%d is not", year);
```

```
        printf ("a leap year. \n");
    }
```

3. 编程题

(26) 编写一个程序输入三个整数，用 if 语句输出三个数中的最大者。

(27) 要求按从大到小的顺序打印三个整数 a、b、c。

(28) 编程求一元二次方程 $ax^2+bx+c=0$ 的根，其中 a、b、c 可以是任意实数。

(29) 根据输入的三角形的三边长，判断其能否组成三角形，若可以则输出它的面积和三角形的类型(等腰、等边、普通、直角和非法三角形)。

(30) 一个猜数游戏，当猜对时输出"＊ Right ＊"，高于机内数时输出"High"，低于机内数时输出"Low"。请用 if 嵌套、elseif 结构、条件表达式和 switch 语句编程。设机内数 magic＝123。

(31) 已知运输公司的运费标准如下(其中 s 为运输距离，r 为折扣)：

$$s<250 \text{ km} \qquad r=0$$
$$250 \leqslant s<500 \qquad r=2\%$$
$$500 \leqslant s<1000 \qquad r=5\%$$
$$1000 \leqslant s<2000 \qquad r=8\%$$
$$2000 \leqslant s<3000 \qquad r=10\%$$
$$s \geqslant 3000 \qquad r=15\%$$

现要求根据运输距离计算运费。已知运费的计算公式为：$f＝p*w*s*(1-r)$，其中 p 为每公里的基本运费，w 为货重，s 为距离，r 为折扣。

4.4　部分习题答案

1. 单项选择题答案

(1) B)	(2) A)	(3) A)	(4) C)	(5) C)
(6) C)	(7) B)	(8) B)	(9) C)	(10) B)
(11) D)	(12) A)	(13) B)	(14) C)	(15) C)

2. 填空题答案

(16) if(a＞b)printf("＊＊y＝%d\n", y＝2);
　　　else printf("＃＃x＝%d\n", x＝1);

(17) FALSE

(18) ① d, e 　　　② a＞b 　　　③ d＞c

(19) ① a＜b 　　　② a＝b; b＝c;

(20) ① ch＞＝'A'＆＆ch＜＝'Z' 　　　② ch＝ch－32

(21) ① score/10
　　　② case 0：case 1：case 2：case 3：case 4：case 5：
　　　③ case 9：case 10：

(22) －1

(23) ① (ch>='a' && ch<='z') || (ch<='A' && ch<='Z')

② ch<='9' && ch>= '0'

③ ch==''

(24) 60 - 69

<60

error!

(25) ① year%4==0 && year%100!=0

② f=0

3. 编程题参考答案(部分)

(27)

```c
/* 将三个整数按从大到小的顺序输出 */
#include <stdio.h>
int main()
{
    int a,b,c,t;
    printf("Input three integer:");
    scanf("%d %d %d",&a,&b,&c);
    if(a<b)                    // 使得 a>b
    {t=a;a=b;b=t;}
    if(a<c)                    // 使得 a>c
    {t=a;a=c;c=t;}
    if(b<c)                    // 使得 b>c
    {t=b;b=c;c=t;}
    printf("%d %d %d\n",a,b,c);
    return 0;
}
```

(29)

```c
/* 输入三角形三边长，判断三角形的类型并求面积 */
#include <stdio.h>
#include <math.h>
int main()
{
    float a,b,c,p,s;
    printf("输入三边:");
    scanf("%f %f %f",&a,&b,&c);
    if(a+b>c && a+c>b && b+c>a)
    {
        p=(a+b+c)/2;
        s=sqrt(p*(p-a)*(p-c)*(p-b));
```

```
      printf("面积=%.2f\n",s);

      if(a==b&&b==c) printf("等边三角形!\n");
      else
      {
        if((a==b&&b!=c)||(b==c&&b!=a)||(a==c&&c!=a))
          printf("等腰三角形! \n");
        else
        {
          if(a*a+b*b==c*c||a*a+c*c==b*b||b*b+c*c==a*a)
            printf("直角三角形! \n");
        }
      }
    else
      printf("不能构成三角形! \n");
    return 0;
}
```

(31)

```
/*根据运输距离所对应的折扣,计算运费 */
#include <stdio.h>
int main()
{
  int p,w,c,s;
  double r,f;
  p=130; w=200;   // p 为基本运费,w 为货重
  printf("输入运输距离:");
  scanf("%d",&s);
  c=s/250;
  switch(c)
  {
    case 0: r=0; break;
    case 1: r=2.0/100; break;
    case 2:
    case 3: r=5.0/100; break;
    case 4:
    case 5:
    case 6:
    case 7: r=8.0/100; break;
```

```
        case 8：
        case 9：
        case 10：
        case 11：r＝10.0/100；break；
        default：r＝15.0/100；
    }
    f＝p＊w＊s＊(1－r)；
    printf("运输距离：%d(公里) 折扣：%.2lf 运费：%.1lf(元)\n",s,r,f)；
    return 0；
}
```

循环结构的 C 程序设计

5.1　本 章 要 求

　　循环结构是结构化程序的三种基本结构之一，它和顺序结构、选择结构共同作为各种复杂程序的基本构造单元，因此熟练掌握循环结构的概念及编程是程序设计的最基本的要求。

　　C 语言的循环结构可以用 while 语句、do - while 语句和 for 语句来实现，它们是 C 程序设计的重要基础，是本章也是本书的重点，必须熟练掌握。另外还应掌握循环的嵌套（重点），及与循环语句配合使用的 break 和 continue 语句，最后要了解用 goto 语句和 if 语句也可构成循环结构。

5.2　本章内容要点

　　（1）while 语句的格式为

　　　　while（表达式）

　　　　　语句

当表达式的值为非 0 时，执行 while 语句中的内嵌语句。其特点是先判断表达式，后执行语句。在进入循环之前，表达式要有正确的初值，而在循环体中要使表达式的值能发生变化，使之趋于假的语句，以避免"无限循环"。

　　（2）do - while 语句的格式为

　　　　do 语句

　　　　while（表达式）；

　　它先执行语句，后判断表达式，当表达式的值为非 0 时，返回重新执行该语句，如此反复，直到表达式的值为 0，循环结束。在循环体中，必须有使表达式的值发生变化的语句。

　　（3）for 语句的格式为

　　　　for（表达式 1；表达式 2；表达式 3）语句

其最易理解的形式为

　　　　for（循环变量赋初值；循环条件；循环变量增值）语句

for 语句的使用最为灵活,不仅可以用于循环次数已经确定的情况,而且可以用于循环次数不确定而只给出循环结束条件的情况,它完全可以代替 while 语句。

(4) 利用 goto 语句,可与 if 语句一起构成循环结构,但不提倡使用它,因为滥用 goto 语句将使程序流程无规律,可读性差,不符合结构化程序设计的要求。

(5) 循环体可以是单个语句,也可以是多个语句,甚至可以是空语句。若是多个语句,则必须要用花括号{ }括起,构成复合语句。

(6) 利用 break 语句可以从循环体内跳出循环体,即提前结束循环,接着执行循环下面的语句;而 continue 语句则可结束本次循环,接着执行下一次是否执行循环的判定。要注意 break 语句和 continue 语句的区别。

(7) 使用嵌套循环结构时,外层的循环结构一定要完全包含内层循环,决不能交叉嵌套。

5.3 习　　题

1. 单项选择题

(1) 语句 while(!e);中的条件!e 等价于_____。

    A) e==0　　　　　　B) e!=1　　　　　　C) e!=0　　　　　　D) ~e

(2) 以下 for 循环_____。

    for(x=0, y=0;(y!=123)&&(x<4);x++);

    A) 是无限循环　　　　　　　　B) 循环次数不定

    C) 执行四次　　　　　　　　　D) 执行三次

(3) 下面有关 for 循环的正确描述是_____。

    A) for 循环只能用于循环次数已经确定的情况

    B) for 循环先执行循环语句,后判定表达式

    C) 在 for 循环中,不能用 break 语句跳出循环体

    D) for 循环体语句中,可以包含多条语句,但要用花括号括起来

(4) 有以下程序:

```
#include<stdio.h>
#define N 6
void main( )
{
    char c[N];
    int i=0;
    for(;i<N; c[i]=getchar( ), i++);
    for(i=0; i<N; putchar(c[i]), i++);
}
```

输入以下三行,每行输入都是在第一列上开始的:

    a↙

    b↙

    cdef↙

程序的输出结果是_____。

　　A）abcdef　　　　B）a　　　　C）a　　　　D）a

　　　　　　　　　　　　　b　　　　　　b　　　　　　b

　　　　　　　　　　　　　c　　　　　　cd　　　　　cdef

　　　　　　　　　　　　　d

　　　　　　　　　　　　　e

　　　　　　　　　　　　　f

（5）以下程序段_____。

```
x=-1;
do
{
    x=x*x;
}
while(! x);
```

　　A）是死循环　　　　　　　　B）循环执行二次

　　C）循环执行一次　　　　　　D）有语法错误

（6）下面程序的输出结果是_____。

```
# include <stdio. h>
void main( )
{
    int y=9;
    for(;y>0; y--)
        if(y%3==0)
            { printf("%d", --y); continue;}
}
```

　　A）741　　　　　　B）852　　　　　C）963　　　　　　D）875421

（7）下面程序的输出结果是_____。

```
#include<stdio. h>
void main( )
{
    int a, b;
    for(a=1, b=1; a<=100;a++)
    {
        if(b>=20)break;
        if(b%3==1)
        {
            b+=3;
            continue;
        }
    }
```

```
          b=-5;
        }
    printf("%d\n",a);
    }
```

A) 7   B) 8   C) 9   D) 10

（8）对于下面的程序，描述正确的是_____。

```
main( )
{
    int x=3;
    do
    {
        printf("%d\n",x-=2);
    }
    while(!(--x));
}
```

A) 输出的是 1   B) 输出的是 1 和-2

C) 输出的是 3 和 0   D) 是死循环

（9）以下程序段执行后，输出"＊"的个数为_____。

```
int i, j;
i=0; j=0;
while(i++<5)
{
    j=0;
    do
    {
        printf("＊");
    }
    while(++j<4);
}
```

A) 15   B) 10   C) 20   D) 25

（10）下列程序段不能实现求阶乘 8! (8!＝1×2×3×4×5×6×7×8，结果存放在 p 中)的是_____。

A) p=1;   B) p=2;
    for(i=1; i<9; i++)   for(i=8; i>3; i--)
        p=p*i;   p=p*i;

C) p=1; i=1;   D) p=1; i=8;
    while(i<9)   do
        p=p*i++;   {p=p*i--;}
                                  while(i>1);

(11) 执行以下程序段后，程序的输出结果是_____。

```
char ch;
int s=0;
for(ch='A'; ch<='Z'; ++ch)
    if(ch%2==0) s++;
printf("%d", s);
```

A) 13   B) 12   C) 26   D) 25

(12) 语句 while(! e==0);什么时候将会陷入死循环_____。

A) e==0   B) e! =0   C) e! =1   D) e! =-1

(13) 执行此程序段，以下描述正确的是_____。

```
int k=5;
while(k==1)k--;
```

A) while 循环执行四次   B) 循环体执行一次

C) 循环体一次也不执行   D) 该循环是死循环

(14) 以下程序的输出结果是_____。

```
# include <stdio. h>
void main( )
{
  int n=10;
  while(n>7)
    {
      n--;
      printf("%d\n",n);
    }
}
```

A) 10   B) 9   C) 10   D) 9
   9   8   9   8
   8   7   8   7
                                 7   6

(15) 两次运行下面的程序，如果从键盘上分别输入 6 和 4，则输出结果是_____。

```
# include <stdio. h>
main( )
{
  int x;
  scanf("%d", &x);
  if(x++>5) printf("%d", x);
  else printf("%d\n", x--);
}
```

A) 7 和 5   B) 6 和 3   C) 7 和 4   D) 6 和 4

(16) 在 while(x)语句中的 x 与下面条件表达式等价的是_____。

A) x==0   B) x==1   C) x!=1   D) x!=0

(17) 下面程序的功能将小写字母变成对应大写字母后的第二个字母，其中 y 变成 A，z 变成 B。请填空。

```
#include <stdio.h>
void main( )
{
    char c;
    while((c=getchar( ))!='\n')
    {
        if(c>='a'&&c<='z')
        {_____①_____;
            if(c>'Z'&&c<='Z'+2)
            _____②_____;
        }
        printf("%c",c);
    }
}
```

① A) c+=2   B) c-=32   C) c=c+32+2   D) c-=30

② A) c='B'   B) c='A'   C) c-=26   D) c=c+26

(18) 下面程序的运行结果是_____。

```
#include<stdio.h>
void main( )
{
    int num=0;
    while(num<=2)
    {
        num++;
        printf("%d\n", num);
    }
}
```

A) 1   B) 1   C) 1   D) 1
               2   2   2
                           3   3
                                       4

(19) 以下能正确计算 1×2×3×4×⋯×10 的程序段是_____。

A) do { i=1; s=1;   B) do { i=1; s=0;
       s=s*i;   s=s*i;
       i++;   i++;

```
          }while(i<=10);                        } while(i<=10);
   C) i=1; s=1;                         D) i=1; s=0;
       do { s=s*i;                           do { s=s*i;
             i++;                                   i++;
           } while(i<=10);                        } while(i<=10);
```

（20）对 for(表达式 1;;表达式 3)可理解为_____。

　　A) for(表达式 1;0;表达式 3)

　　B) for(表达式 1;1;表达式 3)

　　C) for(表达式 1;表达式 1;表达式 3)

　　D) for(表达式 1;表达式 3;表达式 3)

（21）以下描述正确的是_____。

　　A) goto 语句只能用于退出多层循环

　　B) switch 语句中不能出现 continue 语句

　　C) 只能用 continue 语句来终止本次循环

　　D) 在循环中 break 语句不能独立出现

（22）下面程序的运行结果是_____。

```c
#include <stdio.h>
void main( )
{
   int i;
   for(i=1; i<=5; i++)
   {
     if(i%2) printf("@");
     else      continue;
     printf("#");
   }
   printf("$\n");
}
```

　　A) @#@#@#$ B) #@#@#@$

　　C) @#@#$ D) #@#@$

2. 填空题

（23）下面程序段中循环体的执行次数是_____。

```
a=10;
b=0;
do {b+=2; a-=2+b;}
while(a>=0);
```

（24）下列程序运行后的输出结果是_____。

```c
#include<stdio.h>
void main( )
```

```
{
    int i, j;
    for(i=4; i>=1; i——)
    {
        printf(" * ");
        for(j=1;j<=4−i;j++)
            printf(" * ");
        printf("\n");
    }
}
```

(25) 有以下程序，其功能是将从键盘上输入的小写字母转换成大写字母输出，当输入为"＃"时，结束转换，请在下划线处填上合适的内容。

```
# include <stdio. h>
void main( )
{
    char c;
    scanf("%c", &c);
    while(_____①_____)
    {
        if((c>='a')&&(c<='z'))
            printf("%c",_____②_____);
        scanf("%c", &c);
    }
}
```

(26) 为输出如下图形，请在程序中的下划线处填入合适的内容。

```
          *
        *   *
      *   *   *
    *   *   *   *
      *   *   *
        *   *
          *
```

```
# include <stdio. h>
void main( )
{
    int i, j;
    for(i=0; i<4; ++i)
    {
        for(j=0; j<_____①_____; j++)
            printf("  ");
        for(j=0; j<_____②_____; j++)
```

```
        printf(" * ");
        printf("\n");
    }
    for(i=0; i<4; i++)
    { for(j=0; j<i; j++)
        printf("   ");
      for(j=0; j<4-i; j++)
        printf(" * ");
      printf("\n");
    }
}
```

（27）下面程序的功能是求 1～1000 之间能同时被 3、5、7 整除的数，按每行十个数的格式输出这些数，请完成该程序。

```
#include<stdio.h>
void main( )
{
    int i=1, j=0;
    for(i=1; i<1000; i++)
    { if(_____){ printf("%4d", i); j=j+1;}
      if(j==10){ printf("\n"); j=0;}
    }
}
```

（28）以下程序是从读入的一系列的整数中统计正整数个数 i 和负整数个数 j，读入 0 则结束，请填空。

```
# include <stdio.h>
void main( )
{ int ____①____ ;
    printf("请输入一个整数(输入 0 则结束):");
    scanf("%d",&n);
    while(____②____)
    {
        if(n>0) i+=1;
        if(n<0) j+=1;
        ____③____
    }
    printf("正整数个数：%d,负整数个数：%d\n", i, j);
}
```

（29）下列程序的运行结果是_____。

```
# include <stdio.h>
void main( )
```

```
{
    int i=1, j=1;
    for(;j<20;i++)
    {
        if(j>10) break;
        if(j%2! =0)
        {
            j+=3;
            continue;
        }
        j-=1;
    }
    printf("%d, %d\n", i, j);
}
```

(30) 下列程序的运行结果是_____。

```
# include <stdio. h>
void main( )
{
    int i=1, j=3, k=5;
    do
    {
        if(i%j==0)
        if(i%k==0)
        {
            printf("%d\n", i);
            break;
        }
        i++;
    } while(i! =0);
}
```

(31) 以下程序的功能是从键盘上输入若干个学生的成绩，统计并输出最高成绩和最低成绩，当输入负数时结束输入。请填空。

```
#include <stdio. h>
void main( )
{
    float x, amax, amin;
    scanf("%f", &x);
    amax=x;
    amin=x;
    while(    ①    )
```

```
        {
            if(x＞amax) amax＝x;
            if(    ②    ) amin＝x;
                scanf("%f", &x);
        }
    printf("\namax＝%f\namin＝%f\n", amax, amin);
    }
```

3. 编程题

(32) 编写一个程序求 $1-\dfrac{1}{2}+\dfrac{1}{3}-\dfrac{1}{4}+\cdots+\dfrac{1}{99}-\dfrac{1}{100}$ 之值。

(33) 编程，将从 2000 年到 3000 年之间的闰年年号输出。

(34) 从键盘输入若干个字符，分别统计其中字母(区分大小写)、数字字符和其它字符的个数。

(35) 编程求满足不等式的最小整数 N：

① $1+2+3+\cdots+N\geqslant1000$

② $1+\dfrac{1}{2}+\dfrac{1}{3}+\cdots+\dfrac{1}{N}\geqslant2$

(36) 求水仙花数。如果一个三位数的个位数、十位数和百位数的立方和等于该数自身，则称该数为水仙花数。编程求出所有的水仙花数。

(37) 求 $s_n＝a+aa+aaa+\cdots aa\cdots a$ 的值，其中 a 是一个数字。例如 2＋22＋222＋2222 (此时 n＝4)，n 和 a 均由键盘输入。

(38) 编程计算：

① 1～100 之间能同时被 3 和 4 整除的所有整数的和；

② 1～100 之间所有偶数的和。

(39) 编程输出如图 5-1 所示的上三角形式的九九乘法表。

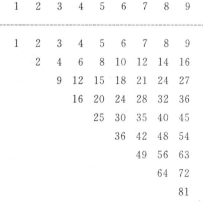

```
      1   2   3   4   5   6   7   8   9
      ----------------------------------------
      1   2   3   4   5   6   7   8   9
          2   4   6   8   10  12  14  16
                  9   12  15  18  21  24  27
                      16  20  24  28  32  36
                          25  30  35  40  45
                              36  42  48  54
                                  49  56  63
                                      64  72
                                          81
```

图 5-1

(40) 学校有近千名学生，在操场上排队，5 人一行余 2 人，7 人一行余 3 人，3 人一行余 1 人，编写一个程序求该校的学生人数。

(41) 有一头母牛，它每年年初生一头小母牛。每头小母牛从第四个年头起，每年年初也生一头小母牛。编写一个程序，求在第 20 年时，共有多少头牛。

(42) 编写一个程序，打印出如下所示的杨辉三角形(要求打印前 10 行)。

```
1
1  1
1  2  1
1  3  3  1
1  4  6  4  1
1  5  10  10  5  1
        ⋮
```

(43) 从 3 个红球、5 个白球、6 个黑球中任意取出 8 个球，且其中必须有白球，输出所有可能的方案。

(44) 从键盘输入一正整数，将此数之前的所有素数显示出来。

(45) 用牛顿迭代法求下面方程在 1 附近的根：

$$f(x) = e^{-x} - x = 0$$

牛顿迭代公式为 $x_{n+1} = x_n - f(x_n)/f'(x_n)$。

5.4 部分习题答案

1. 单项选择题答案

(1) A)	(2) C)	(3) D)	(4) C)	(5) C)
(6) B)	(7) B)	(8) B)	(9) C)	(10) B)
(11) A)	(12) B)	(13) C)	(14) B)	(15) A)
(16) D)	(17) ① D) ② C)	(18) B)	(19) C)	(20) B)
(21) C)	(22) A)			

2. 填空题答案

(23) 3

(24)
```
    *
    *   *
    *   *   *
    *   *   *   *
```

(25) ① c! = '#'   ② c−32

(26) ① 4−i   ② i

(27) i%3==0 && i%5==0 && i%7==0

(28) ① i=0, j=0, n;

　　② n! =0

　　③ printf("请输入下一个整数："); scanf("%d", &n);

(29) 10, 12

(30) 15

(31) ① x>=0   ② x<amin

3. 编程题参考答案(部分)

(32)

```
/* 计算 1-1/2+1/3-…+1/99-1/100 */
#include <stdio.h>
int main()
{
    int i=1,sign=1;  // sign 表示各项前的符号
    double sum=0;
    for(i=1; i<=100; i++)
    {
        sum=sum+sign*1.0/i;
        sign=-sign;
    }
    printf("sum=%.2lf\n",sum);
    return 0;
}
```

(34)

```
/* 分类统计字符中的大写字母、小写字母、数字字符和其它字符的个数 */
#include <stdio.h>
#include <conio.h>
int main()
{
    int ch,capital=0, lowercase=0, digit=0, other=0;
    printf("连续输入字符,以回车结束：\n");
    ch=getche();
    while(ch!='\r')
    {
        if(ch>='A' && ch<='Z')  capital++;
        else if(ch>='a' && ch<='z')  lowercase++;
        else if(ch>='0' && ch<='9')  digit++;
        else other++;
        ch=getche();
    }
    printf("\n 大写字母:%d 小写字母:%d 数字%d 其它字符%d\n",
            capital,lowercase,digit,other);
    return 0;
}
```

(35) ②

```
/* 计算满足 1+1/2+1/3+…+1/N≥2 的最小整数 N */
```

```
#include <stdio.h>
int main()
{
    int n=1;
    float sum=0;
    do
    {
        sum=sum+1.0/n;
        n++;
    }while(sum<2);
    printf("sum=%f    N=%d\n",sum,n-1);
    return 0;
}
```

(37)

```
/*计算 s=a+aa+aaa+…+aa…a。其中 a 的值和 a 的个数从键盘输入 */
#include <stdio.h>
int main()
{
    int n,a,i,j,sum,temp;
    printf("Input a:");
    scanf("%d",&a);
    printf("Input n:");
    scanf("%d",&n);
    sum=0;
    for(i=1;i<=n;i++)
    {
        temp=0;
        for(j=1;j<=i;j++) // 每轮循环分别求出 a,aa,aaa…
            temp=temp*10+a;
        sum=sum+temp;
    }
    printf("sum=%d\n",sum);
    return 0;
}
```

(39)

```
/*输出九九乘法表的上三角形式 */
#include <stdio.h>
int main()
{
```

```
    int i,j;
     for(i=1;i<10;i++) /* 输出表头部分 */
       printf("%4d",i);
     printf("\n----------------------------------------------------\n");
     for (i=1;i<10;i++)
       for (j=1;j<10;j++)
       {
         if (j>=i) /* 输出上三角部分 */
           printf((j==9)? "%4d\n":"%4d",i*j); /* j 为 9 时换行 */
         else printf("  "); /* 下三角部分输出空格 */
       }
       return 0;
   }
```

(41)

```
   /* 母牛繁殖问题 */
   #include <stdio.h>
   int main()
   {
     int c1; // 1 岁牛数量
     int c2; // 2 岁牛数量
     int c3; // 3 岁牛数量
     int c4; // 成年牛数量
     int year, t;
     c1=c2=c3=0; c4=1; year=0; /* 初始(第 0 年)时 */
     while (year<20)
     {
       t = c4;
       c4 = c4 + c3;
       c3 = c2;
       c2 = c1;
       c1 = t;
       year ++;
     }
     printf("20 年时有%d 头牛。\n", c1+c2+c3+c4);
     return 0;
   }
```

(43)

```
   /* 输出红球、白球和黑球的所有符合条件的组合方案 */
   #include <stdio.h>
```

```
int main()
{
    int red=0,white=0,black=0;
    int num=0;
    for(red=0;red<=3;red++)
    {
        for(white=1;white<=5;white++)
        {
            for(black=0;black<=6;black++)
            {
                if((red+white+black)==8)
                {
                    printf("red:%d,white:%d,black:%d\n",red,white,black);
                    num++;
                }
            }
        }
    }
    return 0;
}
```

数　　组

6.1　本 章 要 求

数组是一种非常重要的数据类型，它将一组同类型的数据按顺序关系组织起来，并用一个名字命名，保存在内存的一片连续空间中。数组按维数可分为一维数组、二维数组和多维数组（其中一维数组是重点）；按数组元素的类型可分为整型数组、实型数组、字符数组等。其中用字符数组处理字符串是本章的另一个重点。

对每种类型的数组，要求掌握其定义、初始化和引用等，应能灵活地应用数组来处理大量的同类型数据，并能熟练编程。

6.2　本章内容要点

（1）数组属于构造类型的数据结构，用于描述同一种数据类型的数据集合。数组中的元素依次存放在一段连续的存储空间中，数组名表示存放空间的起始地址。

（2）数组必须先定义，后使用。数组的大小由定义中的常量表达式确定。应注意 C 语言不能定义动态数组。

（3）C 语言规定数组的下标从 0 开始，最大值即为定义中的长度减 1。C 语言的编译系统不检查数组越界错误，初学者要注意，以免因此而导致程序的错误结果。

（4）数组元素在内存中是按顺序存储的。一维数组的元素按下标递增的顺序连续存放；二维数组中元素排列的顺序是按行存放；多维数组的元素仍是连续存放的，且其最右边的下标变化最快。

（5）可通过赋值语句或输入函数使数组中的元素得到值，也可对数组进行初始化，即使数组在程序运行之前得到初值。

（6）C 语言没有提供字符串数据类型，字符串是通过一维字符数组来处理的。字符数组和字符串形式上的区别是字符串有结束标志符′\0′。字符串标志符′\0′也占用一个字节的存储单元，但它不计入字符串的实际长度。

（7）在 C 语言的函数库中提供了一些用来处理字符串的函数，均在头文件 string. h 中，使用非常方便，读者应掌握这些常用函数。

6.3 习　　题

1. 单项选择题

(1) 以下一维数组 a 的正确定义是_____。

　A) int a(10);　　　　　　　　B) int n=10, a[n];

　C) int n;　　　　　　　　　　D) #define SIZE 10

　　scanf("%d", &n);　　　　　　int a[SIZE];

　　int a[n];

(2) 以下对二维数组 a 进行正确初始化的是_____。

　A) int a[2][3]={{1,2},{3,4},{5,6}};

　B) int a[][3]={1,2,3,4,5,6};

　C) int a[2][]={1,2,3,4,5,6};

　D) int a[2][]={{1,2},{3,4}};

(3) 在定义 int a[5][4];之后，对 a 的引用正确的是_____。

　A) a[2][4]　　　　B) a[5][0]　　　　C) a[0][0]　　　　D) a[0,0]

(4) 若有说明：int a[3][4]={0};，则下面叙述正确的是_____。

　A) 只有元素 a[0][0]可得到初值 0

　B) 此说明语句不正确

　C) 数组 a 中各元素都可得到初值，但其值不一定为 0

　D) 数组 a 中每个元素均可得到初值 0

(5) 执行 char str[10]="China\0";strlen(str)的结果是_____。

　A) 5　　　　　　B) 6　　　　　　C) 7　　　　　　D) 9

(6) 在 C 语言中，引用数组元素时，其数组下标的数据类型允许是_____。

　A) 整型常量　　　　　　　　　B) 整型表达式

　C) 整型常量或整型表达式　　　D) 任何类型的表达式

(7) 以下不正确的定义语句是_____。

　A) double x[5]={2.0, 4.0, 6.0, 8.0, 10.0};

　B) int y[5]={0, 1, 3, 5, 7, 9};

　C) char c1[]={'1', '2', '3', '4', '5'};

　D) char c2[]={'\x10', '\xa', '\x8'};

(8) 以下不能对二维数组 a 进行正确初始化的语句是_____。

　A) int a[2][3]={0};

　B) int a[][3]={{1,2},{0}};

　C) int a[2][3]={{1,2},{3,4},{5,6}};

　D) int a[][3]={1,2,3,4,5,6};

(9) 定义如下变量和数组：

　int k;

　int a[3][3]={1, 2, 3, 4, 5, 6, 7, 8, 9};

则下面语句的输出结果是_____。

　　for(k=0; k<3; k++) printf("%d ", a[k][2−k]);

　　A) 3　5　7　　　B) 3　6　9　　　C) 1　5　9　　　D) 1　4　7

(10) 下面程序_____(每行程序前面的数字表示行号)。

```
   # include <stdio. h>
1  void main( )
2   {
       float a[10]={0.0};
3      int i;
4      for(i=0; i<3; i++) scanf("%d", &a[i]);
5      for(i=1; i<3; i++) a[0]=a[0]+a[i];
6      printf("%f\n", a[0]);
7   }
```

　　A) 没有错误　　　　　　　　　B) 第 3 行有错误

　　C) 第 4 行有错误　　　　　　　D) 第 7 行有错误

(11) 若有以下程序段:

```
   ...
   int a[ ]={4,0,2,3,1};
   int i,j,t;
   for(i=1; i<5; i++)
   {
     t=a[i];
     j=i−1;
     while((j>=0)&&(t>a[j]))
     {
       a[j+1]=a[j];
       j−−;
     }
     a[j+1]=t;
   }
   ...
```

该程序段的功能是_____。

A) 对数组 a 进行插入排序(升序)

B) 对数组 a 进行插入排序(降序)

C) 对数组 a 进行选择排序(升序)

D) 对数组 a 进行选择排序(降序)

(12) 对两个数组 a 和 b 进行初始化:

char a[ ]="ABCDEF";

char b[ ]={'A', 'B', 'C', 'D', 'E', 'F'};

则以下叙述正确的是_____。

    A）a 与 b 数组完全相同　　　　　B）a 与 b 长度相同

    C）a 和 b 中都存放字符串　　　　　D）a 数组比 b 数组长度长

（13）下面描述正确的是_____。

    A）两个字符串所包含的字符个数相同时，才能比较字符串

    B）字符个数多的字符串比字符个数少的字符串大

    C）字符串"SHORT"与"SHORT　"相等

    D）字符串"That"小于字符串"The"

（14）下述描述中，错误的是_____。

    A）字符数组可以存放字符串

    B）字符数组的字符串可以整体输入、输出

    C）可以在赋值语句中通过赋值符"＝"对字符数组整体赋值

    D）不可以用关系运算符对字符数组中的字符串进行比较

（15）下面程序的功能是将字符串 s 中所有的字符 c 删除。请选择填空：

```
#include<stdio.h>
void main( )
{
    char s[80];
    int i,j;
    gets(s);
    for(i=j=0; s[i]!='\0'; i++)
        if(s[i]!='c')_____;
    s[j]='\0';
    puts(s);
}
```

    A）s[j++]=s[i]　　　　　　B）s[++j]=s[i]

    C）s[j]=s[i];j++　　　　　　D）s[j]=s[i]

（16）下列四个选项中，正确的数组定义是_____。

    A）int 3a[3];　　　　　　　　B）int i;scanf("%d",&i);char ch[i];

    C）#define MAX 10　　　　　D）#define MAX 10.0

       int a[MAX];　　　　　　　　　int a[MAX]

（17）下列数组的定义中，会产生错误的是_____。

    A）int a[10]={'0','1','2','3','4','5','6','7','8','9'};

    B）int a[10]={0,1,2,3,4,5,6,7,8,9};

    C）char a[5]="Hello";

    D）char a[5]={'H','e','l','l','o'};

（18）下列有关字符数组与字符串的说法中，正确的是_____。

    A）字符数组中存放的一定是一个字符串

    B）所有的字符数组都可以被当作字符串处理

C) 存放字符串的字符数组可以像一般数组一样对数组中的单个元素进行操作

D) 一个字符数组可以认为就是一个字符串

(19) 下列对字符串的说法中,错误的是_____。

A) 字符串就是一个字符数组

B) 字符串可以整体输入、输出

C) 字符串可以比较大小

D) 存储字符串所需的内存空间等于字符串的长度

(20) 有以下程序:

```
#include<stdio.h>
void main( )
{
    char a[4];
    scanf("%c,%c,%c",&a[0],&a[1],&a[2]);
    printf("%s",a);
}
```

现若从键盘上输入 abc,则输出是_____。

A) abc　　　　B) ABC　　　　C) 乱字符　　　　D) 程序出错,不能通过编译

(21) 若有说明:int a[ ][4]={1,2,3,4,5,6,7,8,9,10,11,12};,则数组第一维的大小为_____。

A) 2　　　　　B) 3　　　　　C) 4　　　　　D) 不能确定的值

(22) 若数组 a 有 m 列,则 a[i][j] 之前的数组元素个数为_____。

A) (i−1) * (j−1)　　　B) i * m+j+1　　　C) i * m+j−1　　　D) i * m+j

(23) 判断字符串 s1 是否大于字符串 s2,应当使用_____。

A) if(s1>s2)　　　　　　　　B) if(strcmp(s1,s2))

C) if(strcmp(s2,s1)>0)　　　　D) if(strcmp(s1,s2)>0)

(24) 有两个字符数组 a,b,则以下正确的输入格式是_____。

A) gets (a,b);　　　　　　　B) scanf ("%s%s",a,b);

C) scanf("%s%s",&a,&b);　　D) gets ("a"),gets("b");

(25) 下面程序的运行结果是_____。

```
#include <stdio.h>
#include <string.h>
void main()
{
    char a[80]="ab", b[80]="mnop";
    int i=0;
    strcat (a, b);
    while (a[i++]!='\0' b[i]=a[i];
    puts(b);
}
```

A) kb   B) abmnop   C) ab   D) mbmnop

2. 填空题

（26）下述程序的输出结果是_____。

```
#include <stdio.h>
void main( )
{
  int i,j,row,col,m;
  int array[3][3]={{100,200,300},{28,72,-30},{-850,2,6}};
  m=array[0][0];
  for(i=0;i<3;i++)
    for(j=0;j<3;j++)
      if(array[i][j]<m)
      {
        m=array[i][j];
        row=i;
        col=j;
      }
  printf("%d,%d,%d\n",m,row,col);
}
```

（27）在 C 语言中，二维数组元素在内存中的存放顺序是_____。

（28）下面程序以每行 4 个数据的形式输出 a 数组，请填空。

```
# include <stdio.h>
#include N 20
void main( )
{
  int a[N],i;
  for(i=0;i<N;i++)
  scanf("%d",____①____);
  for(i=0;i<N;i++)
  {
    if(____②____)____③____
    printf("%3d",a[i]);
  }
  printf("\n");
}
```

（29）下面程序段的运行结果是_____。

```
char ch[ ]="600";
int a,s=0;
for(a=0;ch[a]>='0' && ch[a]<='9';a++)
```

```
        s=10*s+ch[a]-'0';
    printf("%d",s);
```

(30) 下面程序段将输出 computer，请填空。

```
    char c[ ]="It's a computer";
    for(i=0;____①____;i++)
    {
        j=____②____;
        printf("%c",c[j]);
    }
```

(31) 当运行以下程序时，从键盘输入 AabD↙，则程序的运行结果是_____。

```
    #include <stdio.h>
    void main( )
    {
        char s[80];
        int i=0;
        gets(s)
        while (s[i]! ='\0')
        {
            if(s[i]<='z' && s[i]>='a')
            s[i]='z'+'a'-s[i];
            i++;
        }
        puts(s);
    }
```

(32) 从键盘输入 10 个整型数数据，存入数组 a 中，求其最大值、最小值及其所在元素的下标位置并输出。请在划线处填上正确的内容。

```
    #include<stdio.h>
    void main()
    {
        int a[10], i, max, min, maxpos, minpos;
        for (i=0; i<10; i++)
            scanf ("%d", &a[i]);
        max=min=a[0]; row=col=0;
        for(i=0; i<10; i++)
        {
            if (____①____)
            {
                max=a[i]; maxpos=____②____;
            }
```

```
        else if (_____③_____)
        {
            min＝a[i]；minpos＝_____④_____；
        }
    }
    printf ("max＝%d, pos＝%d\n", max, maxpos);
    printf ("min＝%d, pos＝%d\n", min, minpos);
}
```

(33) 以下程序执行的结果是_____。

```
#include<stdio. h>
void main( )
{
    char str[ ]＝{"1a2b3c"}；
    int i；
    for(i＝0；str[i]!＝'\0'；i++)
        if(str[i]>＝'0' && str[i]<＝'9')
        printf("%c",str[i])；
    printf("\n")；
}
```

(34) 以下程序执行的结果是_____。

```
#include<stdio. h>
void main( )
{
    int a[3][3]＝{1, 2, 3, 4, 5, 6, 7, 8, 9},i,s＝1；
    for(i＝0; i<＝2; i++)
    s＝s * a[i][i]；
    printf("s＝%d\n", s)；
}
```

(35) 以下程序执行的结果是 _____。

```
#include <stdio. h>
void main()
{
    int a[]＝[1, 2, 3, 4, 5, 6, 7, 8, 9], int i, j, sum＝0; product＝1；
    for (i＝0; i<3; i++)
    {
        for (j＝0; j<3; j++)
        {
            if ( i＝＝j) || (i+j＝＝2)
                sum+＝a[i][j]；
```

```
            if ((i==j || i+j==2) && (i%2==0 && j%2==0)
                product * =a[i][j];
        }
    }
    printf ("sum=%d\n product=%d\n", sum, product);
}
```

（36）设有以下程序：

```
#include<stdio.h>
void main( )
{
    int a[10], s, i, j=0, k=0;
    scanf("%d", &s);
    while(s>-1)
    {
        a[++k]=s;
        scanf("%d", &s);
    }
    for(i=1; i<=k; i++)
        if(a[i]%2==0) a[j++]=a[i];
    for(i=0; i<j; i++)
    printf("%4d", a[i]);
}
```

上面的程序运行时输入数据如下：

```
7↙
10↙
5↙
14↙
-1↙
```

则程序的输出结果是_____。

（37）有以下程序，其功能是对数组中的数据由小到大进行排序，最后输出排序后的数组内容。请在下划线处填上正确的内容，以实现程序功能。

```
#include<stdio.h>
void main( )
{
    int a[10]={10,45,23,62,98,42,87,37,86,28};
    int i,j,x;
    for(i=0;i<10;++i)
    {
        x=a[i];
```

```
        for(j=i;j<9;++j)
          if(a[j+1]<_____①_____)
          {
             a[i]=a[j+1];
             a[j+1]=_____②_____;
             x=a[i];
          }
    }
    for(i=0;i<10;++i)
          printf("%d", a[i]);
}
```

3. 编程题

（38）编程，将两个一维数组中的对应元素的值相减后显示出来。

（39）现有一个已按降序排好序的数组，今输入一个数，要求按原来排序的规律将它插入数组中。

（40）使两个有序数列合并成一个新的数列，合并后的数列仍然有序。

（41）有 n 个无序的数放在 a 数组中，请将相同的那些数删除后只剩下一个，输出经过删除后的数列。

（42）求二维数组中这样一个元素的位置：它在行上最小，在列上也最小。如果没有这样的元素，应打印出相应的信息。

（43）已知 A 是一个 3×4 的矩阵，B 是一个 4×5 的矩阵，编程求 A×B 得到的新矩阵 C，并输出 C 矩阵。

（44）从键盘输入字符串 a 和字符串 b，并在 a 串中的最大元素后面插入字符串 b。

（45）在一个字符数组中查找一个指定的字符，若数组含有该字符，则输出该字符在数组中第一次出现的位置（下标值），否则输出 −1。

（46）编写一个程序，将两个字符串 s1 和 s2 合并成一个新字符串，并存放在字符数组 t 中。

（47）编写一个程序，将一字符串逆转。

（48）编一个程序，将两个字符串 s1 和 s2 比较，如果 s1＞s2，输出一正数；s1＝s2，输出 0；s1＜s2，输出一个负数。不要用 strcmp 函数。两个字符串用 gets 函数读入。输出的正数或负数的绝对值应是相比较的两个字符串的相应字符的 ASCII 码的差值。

（49）用选择法对 10 个整数由大到小进行排序。

6.4 部分习题答案

1. 单项选择题答案

(1) D)	(2) B)	(3) C)	(4) D)	(5) A)
(6) C)	(7) B)	(8) C)	(9) A)	(10) C)

(11) B)　　(12) D)　　(13) D)　　(14) C)　　(15) A)

(16) C)　　(17) C)　　(18) C)　　(19) D)　　(20) C)

(21) B)　　(22) D)　　(23) D)　　(24) B)　　(25) D)

2. 填空题答案

(26) −850，2，0

(27) 按行为主序顺序存放

(28) ①&a[i]　　②i%4==0　　③printf("\n");

(29) 600

(30) ① i<=7　　② j=i+7

(31) AzyD

(32) ① a[i]>max　　② i　　③ a[i]<min　　④ i

(33) 123

(34) s=45

(35) sum=30

product=4725

(36) 10　　14

(37) ① x　　② x

3. 编程题参考答案(部分)

(39)

```c
/* 将一个数插入到递减有序数列中，使原数列依然有序 */
#include<stdio.h>
#define N 6
int main()
{
    int i,j,x,a[N];
    printf("输入%d 个整数(递减有序):",N−1);
    for(i=0;i<N−1;i++)
        scanf("%d",&a[i]);
    printf("输入待插入的数 x:");
    scanf("%d",&x);
    i=0;
    while(i<N−1 && x<a[i])/* 找插入位置 i */
        i++;
    for(j=N−1;j>i;j−−)
        a[j]=a[j−1]; /* 移动元素 */
    a[i]=x; // 插入元素
    for(i=0;i<N;i++)
        printf("%d ",a[i]);
```

```
        printf("\n");
        return 0;
    }
```

（40）
```
    /* 已知两个有序数列 A 和 B，将其合并为成一个新的数列 C，使合并后的
       数列仍然有序。*/
    #include <stdio.h>
    int main()
    {
        int a[5]={1,3,5,7,9};
        int b[5]={2,4,6,12,14};
        int c[10],i=0,j=0,k=0;
        printf("数列 A：");
        for(i=0;i<5;i++)   printf("%3d",a[i]);
        printf("\n 数列 B：");
        for(i=0;i<5;i++)   printf("%3d",b[i]);
        i=0;
        while(i<5 && j<5)
          if(a[i]<b[j])    c[k++]=a[i++];
          else c[k++]=b[j++];
        if(i>=5)
        while(j<5)   c[k++]=b[j++];
        while(i<5)   c[k++]=a[i++];
        printf("\n 合并后的数列为:");
        for(k=0;k<10;k++)
          printf("%d ",c[k]);
        printf("\n");
        return 0;
    }
```

（43）
分析：

若矩阵 A 是 m1 行 n1 列，矩阵 B 是 m2 行 n2 列，当 n1＝m2 时，则 A×B 是 m1 行 n2 列矩阵。若记 C＝A×B，则矩阵 C 的计算方法如下：
```
    for (i=1;I<m1;i++)
        for ( j=1; j<=n2; ++j)
            for(k=1; k<=n1; ++k)
                C[i][j]+=A[i][k]*B[k][j];
```
源代码：
```
    /* 矩阵相乘 */
```

```
#include<stdio.h>
int main()
{
    int i,j,k,A[3][4],B[4][5],C[3][5];
    printf("输入第一个矩阵:\n");
    for(i=0;i<3;i++)
        for(j=0;j<4;j++)
            scanf("%d",&A[i][j]);
    printf("输入第二个矩阵:\n");
    for(i=0;i<4;i++)
        for(j=0;j<5;j++)
            scanf("%d",&B[i][j]);
    /* 初始化矩阵 C */
    for(i=0;i<3;i++)
        for(j=0;j<5;j++)
            C[i][j]=0;
    printf("A * B:\n");
    for(i=0;i<3;i++)
        for(j=0;j<5;j++)
            for(k=0;k<4;k++)
                C[i][j]=C[i][j]+A[i][k]*B[k][j];
    for(i=0;i<3;i++)
    {
        for(j=0;j<5;j++)
            printf("%d ",C[i][j]);
        printf("\n");
    }
    return 0;
}
```

(46)

```
/* 将字符串 s1 和 s2 合并(s1 在前),合并后的新串存放在字符串 t 中。 */
#include<stdio.h>
#include <string.h>
int main()
{
    int i,j;
    char s1[80],s2[80],t[1000];
    printf("Input s1: ");
    gets(s1);
```

```c
    printf("Input s2: ");
    gets(s2);
    for(i=0; s1[i]! ='\0'; i++)        // 复制 s1 内容
        t[i]=s1[i];
    for(j=0; s2[j]! ='\0'; j++)        //在 s1 内容后续 s2 的内容
        t[i++]=s2[j];
    t[i]='\0';
    printf("Output t: ");
    puts(t);
    return 0;
}
```

(48)

```c
/* 字符串的比较 */
#include <stdio.h>
#include <string.h>
int main()
{
    int i=0;
    char s1[80], s2[80];
    printf("Input s1 and s2:\n");
    gets(s1);
    gets(s2);
    while(s1[i]==s2[i] && s1[i]! ='\0')
        i++;
    if(s1[i]=='\0')
        printf("0\n");
    else
        printf("%d\n", s1[i]-s2[i]);
    return 0;
}
```

函数及变量存储类型

7.1　本 章 要 求

　　函数是 C 程序设计中必不可少的部分，是实现程序功能的基本模块，由此可以更深入地理解结构化程序设计的思想。要求重点掌握函数的定义、声明和调用，其中函数参数的传递方式既是重点又是难点；动态存储和静态存储的概念以及局部变量和全局变量的存储方式、作用域、生存期等概念比较繁杂，重点掌握局部自动变量。另外要熟悉静态局部变量，了解函数嵌套和递归的概念，了解寄存器变量的使用。

7.2　本章内容要点

　　(1) 函数定义的一般形式为：

　　　　存储类型标识符　　类型标识符　　函数名(形式参数列表及其类型说明)

　　　　　　{说明部分

　　　　　　　执行语句部分

　　　　　　}

　　(2) 要想成功地调用某个函数必须满足下列三个条件之一：

　　·被调用函数的定义出现在主调函数的定义之前；

　　·在主调函数中或主调函数之前的外部对被调用函数进行声明；

　　·被调用函数为标准函数时，在函数调用前已包含了相应的头文件。

　　(3) 函数的实参、形参是函数间传递数据的通道，二者类型应一致，一般个数要相同。实参可以是常量、变量、表达式等；形参只在函数调用时才开辟存储单元，并逐一获得相应实参的值。

　　(4) 函数调用时实参与形参的参数传递方式是"单向值传递"，形参和实参变量各自有不同的存储单元，被调用函数中形参变量值的变化不会影响实参变量的值。

　　(5) 当一个函数作为被调用函数时，它同时可以作为另一个函数的主调函数，而它的被调用函数又可以调用其它函数，这就是函数的嵌套调用。当一个函数直接或间接地调用它自身时，称为函数的递归。

（6）动态存储和静态存储是 C 语言对数据存储的两种方式。动态存储是指存储一些数据的存储单元可在程序运行的不同时间分配给不同的数据，而静态存储是指存储单元在程序运行的整个过程中固定地分配给某些数据。动态存储区中数据的生存期一般是程序运行中的某个阶段，而静态存储区中数据的生存期为整个程序运行过程。

（7）局部变量又称内部变量，其作用域限制在所定义的函数中。局部自动变量是使用最多的一种变量，要重点掌握。静态局部变量具有一定的特殊性，它在程序运行的整个过程中都占用内存单元，但只在定义它的函数中才可以被引用。函数调用结束后，该变量虽然仍在内存中，但是不可以被调用，它体现了作用域和生存期的不一致性。

（8）全局变量是存放在静态存储区中的，它的作用域是从全局变量定义之后直到该源文件结束的所有函数。通过用 extern 作引用说明，全局变量的作用域可以扩大到整个程序的所有文件。全局变量增加了程序的不稳定性，应谨慎使用。

（9）在一个自动变量的定义中包含 register 关键字，其作用是请求编译器将变量保存在一个寄存器中。寄存器变量可提高程序的运算速度。

（10）对各种变量从不同角度归纳总结如下。

· 从作用域角度分为：

局部变量 { 自动变量，即动态局部变量 / 静态局部变量 / 寄存器变量 / （形式参数可以定义为自动变量或寄存器变量）

全局变量 { 静态外部变量（只限本文件引用） / 外部变量，即非静态外部变量（其它文件可引用）

· 从变量存在的时间可分为：

动态存储变量 { 自动变量 / 寄存器变量 / 形式参数

静态存储变量 { 静态局部变量 / 静态外部变量 / 外部变量，即非静态外部变量

· 从变量的存放位置可分为：

内存中静态存储区 { 静态局部变量 / 静态外部变量（函数外部静态变量） / 外部变量（可为其它文件引用）

内存中动态存储区 { 自动变量 / 形式参数

CPU 中的寄存器：寄存器变量

7.3　习　　题

1. 单项选择题

(1) C 程序是由_____构成的。

　　A) 主程序与子程序

　　B) 主函数与若干子函数

　　C) 一个主函数与一个其它函数

　　D) 主函数与子程序

(2) 对于 C 程序的函数,_____的叙述是正确的。

　　A) 函数定义不能嵌套,但函数调用可以嵌套

　　B) 函数定义可以嵌套,但函数调用不能嵌套

　　C) 函数定义与调用均不能嵌套

　　D) 函数定义与调用均可以嵌套

(3) 数组名作为参数传给函数,作为实际参数的数组名被处理为_____。

　　A) 该数组的长度　　　　　　　　B) 该数组元素的个数

　　C) 该函数中各元素的值　　　　　D) 该数组的首地址

(4) 在 C 语言中,函数中定义的变量的隐含存储类型是_____。

　　A) auto　　　　B) static　　　　C) int　　　　D) void

(5) 函数中未指定存储类别的变量,其隐含存储类别是_____。

　　A) auto　　　　B) static　　　　C) register　　　　D) extern

(6) 一个函数返回值的类型是由_____决定的。

　　A) return 语句中表达式的类型　　B) 在调用函数时临时

　　C) 定义函数时指定的函数类型　　D) 调用该函数的主调函数的类型

(7) 在一个源程序文件中定义的全局变量的有效范围为_____。

　　A) 本源程序文件的全部范围

　　B) 一个 C 程序的所有源程序文件

　　C) 函数内全部范围

　　D) 从定义变量的位置开始到源程序文件结束

(8) 下列变量中,生存期和作用域不一致的是_____。

　　A) 自动变量　　　　B) 定义在文件最前面的全局变量

　　C) 局部静态变量　　D) 寄存器变量

(9) 提高程序的运行速度,在函数中对于自动变量和形参可以使用_____型的变量。

　　A) extern　　　　B) static　　　C) register　　　　D) auto

(10) 以下说法中正确的是_____。

　　A) C 语言程序总是从第一个定义的函数开始执行的

　　B) 在 C 语言程序中,要调用的函数必须在 main 函数中定义

　　C) C 语言程序总是从 main 函数开始执行的

D) C 语言程序中的 main 函数必须放在程序的开始部分

(11) 下列程序执行后输出的结果是_____。

```
# include <stdio.h>
int d=1;
void fun(int p)
{
    int d=5;
    d+=p++;
    printf("%d", d);
}
void main( )
{
    int a=3;
    fun(a);
    d+=a++;
    printf(", %d\n", d);
}
```

A) 8, 4   B) 9, 6   C) 9, 4   D) 8, 5

(12) 下列程序的输出结果是_____。

```
#include <stdio.h>
int power(int x, int y);
void main( )
{
    float a=2.6, b=3.4;
    int p;
    p=power((int)a, (int)b);
    printf("%d\n", p);
}
int power(int x, int y)
{
    int i, p=1;
    for(i=y;i>0;i——)
        p=p*x;
    return p;
}
```

A) 8   B) 9   C) 27   D) 81

(13) 在以下函数调用语句中：

```
fun1(x, 10, (x, 10), fun2(y, 10, (y, 10)));
```

函数 fun1 参数的个数为_____。

A) 8　　　　　　　　B) 4　　　　　　　　C) 5　　　　　　　　D) 编译出错

（14）下面函数的功能是_____。

```
int fun1(char * x)
{
   char * y=x;
   while( * y++);
      return(y-x-1);
}
```

A) 求字符串的长度　　　　　B) 比较两个字符串的大小

C) 将字符串 x 复制到字符串 y　　D) 将字符串 x 连接到字符串 y 后面

（15）有以下程序：

```
# include <stdio. h>
void main( )
{
   int a, b;
   a=5;b=8;
   p(a, b);
   p(a+b, a);
   p(a/b, b);
}
void p(int x, int y)
{
   y=x+y;
   printf("%d, %d/n", x, y);
}
```

则执行上述程序后的输出是_____。

A) 5, 13	B) 5, 13	C) 5,13	D) 5, 13
13,18	18, 5	18, 5	18, 23
0, 8	1, 13	1, 14	1, 13

（16）下列程序的运行结果是_____。

```
# include <stdio. h>
void main( )
{
   int i=3;
   printf("%d, %d, %d\n", i, i++, i++);
}
```

A) 5, 5, 4　　　　B) 3, 4, 5　　　　C) 3, 3, 4　　　　D) 5, 4, 3

（17）有一个函数的定义如下：

```
void newprint(double ( * f)(double), double x)
```

```
    {
        printf("%lf\n", ( * f)(x));
    }
```

则调用正确的语句是_____。

A) newprint(sin, 0.5)   B) newprint(sin(0.5))

C) newprint(&sin, 0.5)   D) newprint((&sin)(0.5))

(18) 以下程序的输出结果是_____。

```
    # include <stdio. h>
    void func(int a, int b)
    {
        static int m=0, i=2;
        i+=m+1;
        m=i+a+b;
        return(m);
    }
    void main( )
    {
        int k=4, m=1, p;
        p=func(k, m);
        printf("%d", p); p=func(k,m); printf(",%d\n",p);
    }
```

　A) 8, 17　　　　B) 8, 16　　　　C) 8, 20　　　　D) 8, 8

(19) 以下程序的输出结果是_____。

```
    # include <stdio. h>
    int func(int a)
    {
        int b=0;
        static c=3;
        b++;c+=1;
        return(a+b+c);
    }
    void main( )
    {
        int a=4, i;
        for(i=0;i<3;i++)
            printf("%d", func(a));
    }
```

　A) 999　　　　B) 9 9 9　　　　C) 91011　　　　D) 9 10 11

(20) 以下程序的输出结果是_____。

```
# include <stdio. h>
int func(int x)
{
    int p;
    if (x==0||x==1)return(3);
      p=x-func(x-2);
    return p;
}
void main( )
{
    printf("%d\n", func(9));
    }
```

A) 7　　　　　　　B) 2　　　　　C) 0　　　　　D) 3

（21）以下程序的输出结果是_____。

```
# include <stdio. h>
int func1(int a, int, b)
{
    int c;
    a+=a;
    b+=b;
    c=func2(a, b);
    return(c * c);
}
int func2(int a, int b)
{
    int c
    c=a * b%3;
    return(c);
}
void main( )
{
    int x=7, y=17;
    printf("%d\n"func1(x, y));
}
```

A) 7　　　　　　　B) 17　　　　　C) 4　　　　　D) 0

2. 填空题

（22）在 C 语言中，变量的存储类别有四种，它们是 auto、register、extern 和_____。

（23）变量的作用域是指变量的有效范围，在作用域内可以引用该变量。按作用域变量可分为_____①_____变量和_____②_____变量。

（24）变量的生存期是指变量的值存在时间的长短。按生存期变量可分为＿＿＿①＿＿＿和＿＿＿②＿＿＿两大类。

（25）根据函数能否被其它源文件调用，函数分为＿＿＿①＿＿＿函数和＿＿＿②＿＿＿函数两类。

（26）若有以下函数调用语句：

```
fun(a+b, (x, y), fun(n+k, d, (a, b)));
```

在此函数调用语句中实参的个数是＿＿＿＿＿＿。

（27）下列程序的运行结果是＿＿＿＿＿＿。

```
#include <stdio.h>
int b=0;
int f(int a)
{
    static c=3;
    a=c++, b++;
    return(a);
}
void main( )
{
    int a=2, i, k;
    for(i=0;i<2;i++)
        k=f(++a);
    printf("%d\n", k);
}
```

（28）以下程序的执行结果是＿＿＿＿＿＿。

```
# include <stdio.h>
void fun(int n, int * s)
{
    int f1, f2;
    if(n==1||n==2) * s=1;
    else
    {
        fun(n-1, &f1);
        fun(n-2, &f2);
        * s=f1+f2;
    }
}
void main( )
{
    int x;
```

```
        fun(6, &x);
        printf("%d\n", x);
    }
```

（29）以下程序的执行结果是_____。

```
    #include <stdio.h>
    int sum(int k)
    {
        static int x=0;
        return(x+=k);
    }
    void main( )
    {
        int s, i, sum( );
        for(i=1;i<=10;i++)
            s=sum(i);
        printf("s=%d\n", s);
    }
```

（30）以下程序的执行结果是_____。

```
    #include <stdio.h>
    void func(int b[])
    {
        int j;
        for(j=0;j<4;j++)
            b[j]=2 * j;
    }
    void main( )
    {
        int a[ ]={5, 6, 7, 8}, i;
        func(a);
        for(i=0;i<4;i++)
            printf("%d", a[i]);
    }
```

（31）以下程序的执行结果是_____。

```
    #include <stdio.h>
    static int a=5;
    void p1( )
    {
        printf("a * a=%d\n", a * a);
        a=2;
```

```
    }
    void p2( )
    {
      printf("a * a * a＝%d\n", a * a * a);
    }
    void main( )
    {
      printf("a＝%d\n", a);
      p1( );
      p2( );
    }
```

(32) 以下程序的执行结果是_____。

```
    # include <stdio. h>
    void func(int b[])
    {
      int i;
      for(i=0;i<=4;i++)
        b[i]++;
    }
    void main( )
    {
      int a[5], i;
      for(i=0; i<=4; i++)
        a[i]=i;
      for(i=0; i<=4; i++)
        printf("%d", a[i]);
      printf("\n");
      func(a);
      for(i=0; i<=4; i++)
        printf("%d", a[i]);
    }
```

(33) 以下程序的执行结果是_____。

```
    # include <stdio. h>
    int func(int a)
    {
      static int x=10;
      int y=1;
      x+=a;
      a++;
```

```
    y++;
    return(x+y+a);
  }
  void main( )
  {
    int i=3;
    while(i<8)
      printf("%d", func(i++));
  }
```

3. 编程题

(34) 写一个函数首部，函数名为 do_it( )，它要获得 3 个 char 型实参并给调用程序返回一个 float 型值。

(35) 写一个函数首部，函数名为 printf_a_number( )，它要获得一个 int 型实参，不给调用程序返回值。

(36) 以下函数返回什么类型的值？

　　① int print_error(float err_nbr);

　　② long read_record(int rec_nbr, int size);

(37) 写一个函数，接收两个数并返回其乘积。

(38) 写一个函数，它接收作为实参的两个数。其功能是：第 1 个数除以第 2 个数，但当第二个数为零时不除。

(39) 写一个函数，调用编程题(37)和(38)所写的函数。

(40) 写一个程序，它用函数求出用户输入的 5 个 float 型值的平均值。

(41) 编写计算三角形面积的程序，将计算面积定义成函数。三角形面积公式为

$$A=\sqrt{s(s-a)(s-b)(s-c)}$$
$$S=(a+b+c)/2$$

其中 A 为三角形面积，a、b、c 为三角形三条边的长度。

(42) 编写约简分数的程序，将求最大公约数定义成函数。

(43) 编写验证哥德巴赫猜想(一个大于等于 4 的偶数可以表示成两个素数之和)的程序，将判断一个数是否是素数定义为函数。

(44) 计算 $s=1+\dfrac{1}{2!}+\dfrac{1}{3!}+\dfrac{1}{4!}+\cdots+\dfrac{1}{n!}$。n 由终端输入，将计算 n! 定义成函数。

(45) 根据勒让德多项式的定义：

$$P_n=\begin{cases} 1 & n=0 \\ x & n=1 \\ ((2n-1)xP_{n-1}(x)-(n-1)P_{n-2}(x))/n & n>1 \end{cases}$$

计算 $P_n(x)$。n 和 x 为任意正整数，把计算 $P_n(x)$ 定义成递归函数。

(46) 输入整数 n 和 k，输出 n 中从右端开始的第 k 个数字的值，将求 n 中右端第 k 个数字定义成函数。例如：

　　digit(264539, 3)=5

digit(7622，6)=0

7.4　部分习题答案

1. 单项选择题答案

(1) B)　　　(2) A)　　　(3) D)　　　(4) A)　　　(5) A)　　　(6) C)

(7) D)　　　(8) C)　　　(9) C)　　　(10) C)　　　(11) A)　　　(12) A)

(13) B)　　　(14) A)　　　(15) A)　　　(16) D)　　　(17) A)　　　(18) A)

(19) C)　　　(20) A)　　　(21) C)

2. 填空题答案

(22) static

(23) ① 全局(或外部)　　　② 局部(或内部)

(24) ① 动态存储变量　　　② 静态存储变量

(25) ① 外部(extern)　　　② 静态(static)

(26) 3　　　　(27) 4　　　　(28) 8　　　　(29) s=55

(30) 0246　　(31) a=5　　　(32) 01234　　(33) 1924303745

　　　　　　　　a*a=25　　　12345

　　　　　　　　a*a*a=8

3. 编程题参考答案(部分)

(37) float multiply(float a，float b)

　　{ ruturn(a*b)；}

(41)

　　#include<math.h>

　　float aero(float a，float b，float c)

　　{

　　　float t；

　　　t=(a+b+c)/2；

　　　return(sqrt(t*(t-a)*(t-b)*(t-c)))；

　　}

　　int main( )

　　{

　　　float a，b，c，s；

　　　printf("Please input three sides of a triangle\n")；

　　　　scanf("%f%f%f"，&a，&b，&c)；

　　　if(a>b+c||b>c+a||c>a+b)

　　　　printf("input error\n")；

　　　else

　　　{

```
        s=aero(a, b, c);
        printf("The aero of the triangle is:%f\n", s);
      }
      return 0;
    }
```

(42)
```
    # include <math. h>
    int func(int a, int b)
    {
      int i;
      for(i=a<b? a:b; i>1; i--)
        if(a%i==0&&b%i==0)
          break;
      return(i);
    }
    int main( )
    {
      int a, b, c;
      printf("Please input ? and ? of a fraction\n");
      scanf("%d%d", &a, &b);
      c=func(a, b);
      a/=c;b/=c;
      printf("Result: the ? is:%d the ? is:%d\n", a, b);
      return 0;
    }
```

(43)
```
    # include<math. h>
    int func(int a)
    {
      int i,k;
      k=sqrt(a);
      for(i=2;i<=k;i++)
        if(m%i==0) break;
      if(i>=k+1) return(1);
      else           return(0);
    }
    int main( )
    {
      int a, b, c;
      printf("Please input a even\n");
```

```
  scanf("%d", &a);
  for(b=1; b<a; b++)
    if(func(b)) if(func(a-b)) break;
  printf("%d=%d+%d\n", a, b, a-b);
  return 0;
}
```

(46)

```
#include<math.h>
int digit(long a, int b)
{
  int c;
  c=a/pow(10, b-1);
  c%=10;
  return(c);
}
int main( )
{
  long a;
  int b, c;
  printf("Please input two integer:\n");
  scanf("%ld%d", &a, &b);
  c=digit(a, b);
  printf("The %dth number of %ld is %d\n", b, a, c);
  return 0;
}
```

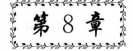

指　　针

8.1　本 章 要 求

指针是 C 程序设计的重点和难点，是体现 C 语言特色的内容。要求重点掌握两大块内容：一为指针最基本的知识，包括指针的概念，有关指针的两个运算符，指针的定义、引用方法及指针的相关运算；二为指针的应用，包括利用指针形参带回被调函数的处理结果和指针与数组，利用指针使用字符串等。另外，要了解指针与函数的关系、指针数组和多级指针以及指针数组作 main 函数的形参等概念。

8.2　本章内容要点

（1）指针就是用来存放地址的变量，存放不同对象地址的指针是不同类型的指针。

（2）两个有关的运算符：&（取地址运算符）和 *（指针运算符）。两个运算符的作用有互逆的性质，对指针进行 * 运算时要求指针有明确的指向。

（3）有关指针的运算有三类：

① 赋值运算。

赋空值：p=NULL

赋地址值：p=&a　　　　　　　　（将变量 a 的地址赋给指针 p）

　　　　　p=array　　　　　　　（将数组 array 的首地址赋给指针 p）

　　　　　p=&array[i]　　　　　（将数组 array 的第 i 个元素的地址赋给指针 p）

　　　　　p=max　　　　　　　　（将已定义的函数 max 的入口地址赋给 p）

注：以上指针 p 只是代号，具体类型定义是各不相同的。

　　指针间赋值：p2=p1　　（将指针 p1 的值赋给指针 p2，p2 原指向丢失，改指向 p1 所
　　　　　　　　　　　　　　指单元）

注：只有同类型指针间才可赋值，不同类型的指针间不可赋值；指针（内容为地址）与数值（如整型数）间也不可互相赋值，即 int i, * p; 后 p=i; i=p; 或 p=1000; 等均是错误的。

② 算术运算。

对于指向数组的指针，可进行的算术运算只有部分加减运算，其它运算无意义。

指针加减一个整数：指针加减 1，即向下或向上移动指针，使其指向下一个或上一个数组元素。

两个指针可以相减：若两个指针指向同一个数组的元素，则两个指针之差是两个指针之间的元素的个数。

③ 关系运算。

若两个指针指向同一个数组的元素，则可以进行比较，其实质为地址的比较。

若两指针不指向同一数组，则比较无意义。

(4) 指针作为函数参数时不违反函数参数的由实参到形参的单向值传递，只是用指针作函数参数时，因为指针的值就是地址，所以传递的是地址，此时虽然形参的改变仍无法返回给实参，但利用形参指针对其所指向单元内容的操作就有可能改变主调函数中的变量的值。

(5) 指针可以指向数组元素，也可以指向数组，这使数组的使用更加灵活、方便。

(6) 指针数组是指数组元素为指针的数组。

(7) 掌握利用指针实现字符串的方法，体会与字符数组实现字符串的不同。

(8) 可以用指向函数的指针来调用函数，同样可使函数返回指针，此时须注意指针的类型。

(9) 了解复杂指针的定义，会进行其类型的分析。

(10) 命令行参数是指 main( )函数的参数，它由一个整形参数和一个字符指针数组组成，应熟悉它的使用。

8.3 习　　题

1. 单项选择题

(1) 执行以下程序段后,m 的值为_____。

```
int a[2][3]={{1,2,3},{4,5,6}};
int m, * p;
p=&a[0][0];
m=( * p) * ( * (p+2)) * ( * (p+4));
```

A) 15　　　　　　B) 14　　　　　C) 13　　　　　D) 12

(2) 以下程序的输出结果是_____。

```
int fun(int x,int y,int * cp,int * dp)
{
    * cp=x+y;
    * dp=x−y;
}
# include <stdio. h>
void main( )
{
    int a,b,c,d;
```

```
    a＝30;b＝50;
    fun(a,b,&c,&d);
    printf("%d,%d\n",c,d);
}
```

  A) 50,30   B) 30,50   C) 80,−20   D) 80,20

（3）若有以下定义和语句,则输出结果是_____。

```
    char  * s1="12345", * s2="1234";
    printf("%d\n",strlen(strcpy(s1,s2)));
```

  A) 4   B) 5   C) 9   D) 10

（4）若有以下说明,则数值为 4 的表达式是_____。

```
    int w[3][2]={{0,1},{2,4},{5,8}};
    int ( * p)[2]=w;
```

  A) p[1][1] B) * w[1]+1 C) w[2][2] D)p++, * (p+1)

（5）以下程序的输出结果是_____。

```
    # include <stdio. h>
    void main( )
    {
        char  * s="12134211";
        int v1=0,v2=0,v3=0,v4=0,k;
        for (k=0;s[k];k++)
          switch(s[k])
          { default: v4++;
            case '1': v1++;
            case '3': v3++;
            case '2': v2++;
          }
        printf("%d,%d,%d,%d\n",v1,v2,v3,v4);
    }
```

  A) 4,2,1,1 B) 4,9,3,1 C) 5,8,6,1 D) 8,8,8,8

（6）若 a 为整型变量,p1 和 p2 是指向同一个整型数组中不同元素的指针变量,则下面四条语句中不能正确执行的是_____。

  A) a=p2−p1; B) p1=a−p2; C) a * p1; D) a= * p1+ * p2;

（7）以下程序的输出结果是_____。

```
    # include <stdio. h>
    void main( )
    {
      int a[3]={10,15,20};
      int * p1=a, * p2=&a[1];
       * p1= * (p2−1)+5;
```

```
        *(p1+1)=*p1-5;
        printf("%d\n",a[1]);
      }
```
A) 5   B) 10   C) 15   D) 20

(8) 设有说明 int(*ptr)[M];其中标识符 ptr 是_____。

A) M 个指向整型变量的指针

B) 指向 M 个整型变量的函数指针

C) 一个指向具有 M 个整型元素的一维数组的指针

D) 具有 M 个指针元素的一维指针数组,每个元素都只能指向整型变量

(9) 在 C 语言中,main 函数参数的错误表示形式是_____。

A) int main(int argc,char * argv[ ])

B) int main(int c,char * v[ ])

C) int main(int argc,char argv[ ])

   int argc; char argv[ ];

D) int main(int ac, char ** av)

   int ac;char ** av;

(10) 若有语句 int a[10]={0,1,2,3,4,5,6,7,8,9},*p=a;则_____不是对 a 数组元素的正确引用(其中 0≤i<10)。

A) p[i]   B) *(*(a+i))   C) a[p-a]   D) *(&a[i])

(11) 要求函数的功能是交换 x 和 y 中的值,且通过正确调用返回交换结果。能正确执行此功能的函数是_____。

A) void funa(int * x,int * y)

   { int * p; * p= * x; * x= * y; * y= * p; }

B) void funb(int x,int y)

   { int t; t=x; x=y; y=t; }

C) void func(int * x,int * y)

   { * x= * y; * y= * x; }

D) void fund(int * x,int * y)

   { * x= * x+ * y; * y= * x- * y; * x= * x- * y; }

(12) 要求函数的功能是在一维数组 a 中查找 x 值:若找到则返回所在的下标值,否则返回 0;数列放在 a[1]~a[n]中。不能正确执行此功能的函数是_____。

A) int funa(int * a,int n,int x)

   {

      * a=x;

      while(a[n]! =x) n--;

      return n;

   }

B) int funb(int * a,int n,int x)

   {

```
        int k;
        for(k=1;k<=n;k++)
          if(a[k]==x) return k;
        return 0;
      }
  C) int func(int a[ ],int n,int x)
      {
        int * k;
        a[0]=x;k=a+n;
        while( * k! =x) k--;
        return k-n;
      }
  D) int fund(int a[ ],int n,int x)
      {
        int k=0;
        do
          k++;
        while((k<=n)&&(a[k]! =x));
        if(a[k]==x) return k;
        else return 0;
      }
```

(13) 阅读程序(16 位平台下运行)：

```
#include <stdio. h>
void main( )
{
  int a[10]={1, 2, 3, 4, 5, 6, 7, 8, 9, 0}, * p;
  p=a;
  printf("%x\n", p);
  printf("%x\n", p+9);
}
```

该程序有两个 printf 语句，如果第一个 printf 语句输出的是 194，则第二个 printf 语句的输出结果是_____。

A) 203   B) 204   C) 1a4   D) 1a6

(14) 设有如下定义：

char * aa[2]={"abcd","ABCD"};

则以下说法中正确的是_____。

A) aa 数组元素的值分别是"abcd"和"ABCD"

B) aa 是指针变量，它指向含有两个数组的字符型一维数组

C) aa 数组的两个元素分别存放的是含有 4 个字符的一维字符数组的首地址

D) aa 数组的两个元素中各自存放了字符"a"和"A"的地址

(15) 设有以下定义:

int a[4][3]={1, 2, 3, 4, 5, 6, 7, 8, 9, 10, 11, 12};

int (*prt)[3]=a, *p=a[0];

则下列能够正确表示数组元素 a[1][2]的表达式是_____。

A) *((*prt+1)[2])   B) *(*(p+5))

C) (*prt+1)+2   D) *(*(a+1)+2)

(16) 设有如下定义:

int   (*ptr)();

则以下叙述中正确的是_____。

A) ptr 是指向一维数组的指针变量

B) ptr 是指向 int 型数据的指针变量

C) ptr 是指向函数的指针,该函数返回一个 int 型数据

D) ptr 是一个函数名,该函数的返回值是指向 int 型数据的指针

(17) 下面程序段的输出结果是_____。

char   str[ ]="ABCD", *p=str;

printf("%d\n", *(p+4));

A) 68   B) 0   C) 字符"D"的地址   D) 不确定值

(18) 如果 x 是整型变量,则合法的形式是_____。

A) &(x+5)   B) *x   C) & *x   D) *&x

(19) 设 char b[5], *p=b; 正确的赋值语句为_____。

A) b="*p=b";   B) *b="*p=b";

C) p="*p=b";   D) *p="*p=b";

(20) 以下程序的输出结果是_____。

```
#include <stdio.h>
void main( )
{
    static int x[ ]={2, 6, 10, 14, 18};
    static int ptr[ ]={&x[0], &x[1], &x[2], &x[3], &x[4]};
    int * *p, i;
    for(i=0; i<5; i++)
    x[i]=x[i]/2+x[i];
    p=ptr;
    printf("%d\n", *(*(p+2)));
}
```

A) 3   B) 9   C) 15   D) 21

(21) 若要用下面的程序段使指针变量 p 指向一个存储整型变量的动态存储单元,则空格处应填入_____。

int *p;

p=＿＿＿ malloc(sizeof(int));

  A) int   B) int *   C) (＊int)   D) (int ＊)

（22）有以下程序段，执行后 a 的值是＿＿＿＿。

  int a＝14,＊p,＊＊pp;

  p＝&a;

  pp＝&p;

  a＝＊＊pp＋10;

  A) 23   B) 24   C) 25   D) 26

（23）设 char ＊s,a[80];以下正确的表达式是＿＿＿＿。

  A) s＝"computer";   B) ＊s＝"computer"

  C) a＝"computer"   D) ＊s＝'c'

（24）根据以下程序段得到的 i 的正确结果是＿＿＿＿。

  int i;

  char ＊s＝"a\045＋045\'b";

  for (i＝0;＊s＋＋;i＋＋);

  A) 5   B) 8   C) 11   D) 12

（25）若有定义和语句：

  int   ＊＊pp,＊p,a＝10,b＝20;

  pp＝&p;p＝&a;p＝&b;printf("%d,%d\n",＊p,＊＊pp);

则输出结果是＿＿＿＿。

  A) 10,20   B) 10,10   C) 20,10   D) 20,20

（26）现有以下 C 语言程序，其输出结果是＿＿＿＿。

```
# include <stdio. h>
void main( )
{
    static int a[ ]={1,2,3,4,5,6};
    int * p;
    p=a;
    *(p+3)+=2;
    printf("n1=%d,n2=%d\n",* p,* (p+3));
}
```

  A) n1＝1,n2＝6   B) n1＝1,n2＝5

  C) n1＝6,n2＝6   D) n1＝1,n2＝7

（27）下面 C 语言程序的输出结果是＿＿＿＿。

```
# include <stdio. h>
void main( )
{
    static int x[ ]={1,2,3,4};
    int s,i,* p;
```

```
        s=1;p=x;
        for(i=0; i<3; i++) s * = * (p+i);
        printf("%d\n", s);
    }
```

A) 3   B) 6   C) 10   D) 24

(28) 以下程序的输出结果是_____。

```
    #include <stdio.h>
    int f1(int x, int y, int * sum)
    {
        * sum=x+y;
        ++x;
        ++y;
        return;
    }
    int f2(int a, int b, int * product)
    {
        * product=a * b;
        a+=b;
        b-=a;
        return;
    }
    void main( )
    {
        int f1( ),f2( ),( * f)( );
        int a=10, b=20, c=100;
        f=f1;
        ( * f)(a, b, &c);
        printf("%d, %d, %d\n", a, b, c);
    }
```

A) 10, 20, 30   B) 11, 21, 100   C) 11, 21, 30   D) 10, 21, 30

(29) 以下函数的功能是统计 substr 在母字符串 str 中出现的次数。请选择正确的编号填空。

```
    int count(char * str,char * substr)
    {
        int i, j, k, num=0;
        for (i=0;   ①   ;i++)
            for (   ②   , k=0;substr[k]==str[j]; k++, j++)
                if(substr[   ③   ]=='\0')
                {
```

```
            num++;
            break;
        }
    return(num);
}
```

① A) str[i]==substr[i]　　　　B) str[i]! ='\0'

　C) str[i]=='\0'　　　　　　　D) str[i]>substr[i]

② A) j=i+1　　　B) j=i　　　C) j=0　　　D) j=1

③ A) k　　　　　B) k++　　　C) k+1　　　D) ++k

(30) 以下 delspace 函数的功能是删除字符串 s 中的所有空格(包括 Tab、回车符和换行符)。请选择正确的编号填空。

```
void delspace(char * s)
{
    int i, t;
    char c[80];
    for(i=0, t=0; ① ; i++)
        if(! isspace(②)
            c[t++]=s[i];
    c[t]='\0 ';
    strcpy(s, c);
}
```

① A) s[i]　　　B) ! s[i]　　　C) s[i]='\n'　　　D) s[i]=='\n'

② A) s+i　　　B) * c[i]　　　C) * (s+i)　　　D) * (c+i)

2. 填空题

(31) 以下程序的输出结果是 _____ 。

```
# include <stdio. h>
void main( )
{
    int a[ ]={1,2,3,4},i,x=0;
    for(i=0; i<4; i++)
    {
        func(a, &x);
        printf("%d", x);
    }
    printf("\n");
}
void func(int * s, int * y)
{
    static int t=3;
```

```
        * y＝s[t];
        t－－;
    }
```

(32) 以下程序的输出结果是_____。

```
    # include ＜stdio. h＞
    void main( )
    {
        char * p＝"See you tomorrow";
        p＝p+7;
        printf("%s\n",p);
    }
```

(33) 以下程序的输出结果是_____。

```
    # include ＜stdio. h＞
    void main( )
    {
        int x[ ]＝{1, 3, 5, 7, 9}, * p;
        p＝x;
        * (p+2)+＝3;
        printf("%d,%d\n", * p, * (p+2));
    }
```

(34) 下列程序的运行结果是_____。

```
    #include ＜stdio. h＞
    int f(int a)
    {
        int b＝0;
        static c＝3;
        a＝c++,b++;
        return(a);
    }
    void main( )
    {
        int a＝2, i, k;
        for (i=0; i<2; i++)
            k＝f(a++);
        printf("%d\n", k);
    }
```

(35) 下列程序的运行结果是_____。

```
    # include ＜stdio. h＞
    void main( )
```

```
    {
        int a[10]={9, 7, 6, 1, 2, 3, 0, 4, 8, 5}, * p, * * k;
        p=a;k=&p;
        printf("%d", * (p++));
        printf("%d\n", * * k);
    }
```

(36) 下列程序的运行结果是_____。

```
    # include <stdio. h>
    void main( )
    {
        char a[2][5]={"abc", "defg"};
        char * p=a[0], * s=a[1];
        while( * p) p++;
        while( * s) * p++= * s++;
        printf("%s%s\n", a[0],a[1]);
    }
```

(37) 以下程序的执行结果是_____。

```
    # include <stdio. h>
    void main( )
    {
        char ch[2][5]={"6934", "8254"}, * p[2];
        int i, j, s=0;
        for(i=0; i<2; i++)
            p[i]=ch[i];
        for(i=0; i<2; i++)
            for(j=0; p[i][j]> '\0'&&p[i][j]<='9'; j+=2)
                s=10 * s+p[i][j]-'0';
        printf("%d\n", s);
    }
```

(38) 若要用下面的程序片段使指针变量 p 指向一个存储字符型变量的动态存储单元，则空格处应填入_____。

```
    char * p;
    p=_____ malloc(sizeof(char));
```

(39) 下面 # 程序输出的是_____。

```
    # include <stdio. h>
    void main( )
    {
        static int x[ ]={1, 2, 3, 4};
        int s, i, * p;
```

```
    s=1; p=x;
    for(i=0; i<3; i++) s+= * (p+i);
    printf("%d\n", s);
}
```

(40) 现有下面 C 语言程序，其输出是_____。

```
# include <stdio. h>
void main( )
{
    static int a[ ]={1, 2, 3, 4, 5, 6};
    int * p;
    p=a;
    * (p+3) * =2;
    printf("n1=%d, n2=%d\n", * p, * (p+5));
}
```

(41) 以下程序的执行结果是_____。

```
# include <stdio. h>
void swap(int * pt1,int * pt2)
{
    int i;
    i= * pt1;
    * pt1= * pt2;
    * pt2=i;
}
    void exchange(int * q1, int * q2, int * q3)
{
    if( * q1< * q2)swap(q1, q2);
    if( * q1< * q3)swap(q1, q3);
    if( * q2< * q3)swap(q2, q3);
}
    void main( )
{
    int a, b, c;
    int * p1, * p2, * p3;
    p1=&a;
    p2=&b;
    p3=&c;
    * p1=3;
    * p2=6;
    * p3=9;
```

```
        exchange(p1，p2，p3);
        printf("a=%d, b=%d, c=%d\n", a, b, c);
    }
```

（42）设包含如下程序的文件名为 myprog.c，编译后键入命令：myprog one two three，则执行结果是_____。

```
    #include <stdio.h>
    void main(int argc, char * argv[ ])
    {
        int i;
        for(i=1; i<argc; i++)
            printf("%s%c", argv[i], (i<argc-1)? " : '\n ');
    }
```

（43）下面的程序可以统计命令行第一个参数中出现的字母的个数。请在程序中的空格处填入一条语句或一个表达式。

```
    #include <stdio.h>
    #include <ctype.h>
    void main(intargc,   ①   argv[ ])
    {
        char * str;
        int count=0;
        if(argc<2) exit(1);
        str   ②   ;
        while( * str)
            if(isalpha(   ③   ))count++;
        printf("\n字母个数：%d\n", count);
    }
```

3. 编程题

（44）写一个函数，接收三个长度相等的浮点型数组，将前两个数组的对应元素加在一起放入第三个数组的对应元素中，函数的返回值为指向第三个数组的指针。

（45）写一个将 3 * 3 矩阵转置的函数，输入一个矩阵，输出转置后的矩阵。

（46）用命令行参数实现多个字符串连接，命令形式为

```
    strcat s1 s2…
```

其中 strcat 为命令名；s1，s2，…为要连接的字符串。

（47）写一个函数，从 n 个字符串中找出最长的字符串，若有多个则取最先找到的那一个。指向最长字符串的指针由函数返回；最长串的长度由参数带回，另一个参数是表示 n 个字符串的指针数组。

（48）写一函数，求一个字符串的长度。在 main 函数中输入字符串，并输出其长度。

（49）编写函数 strend(s, t)，当字符串 t 出现在字符串 s 的末端时函数返回 1，否则返回 0。

(50) n 个人围成一圈,按顺序编号。从编号为 1 的人开始 1 至 3 循环报数,凡报数为 3 的人退出圈子,问最后留下的一个人的原来编号是几。

(51) 一个班有 30 个学生,选修相同的 4 门课程,计算每个学生的总平均分数,全班每门功课的总平均分数,以及每个学生各门功课的成绩与全班总平均成绩之差,输出计算结果。将计算学生的总平均分数和全班每门功课的总平均分数的任务定义成一个函数;计算每个学生各门功课成绩与全班总平均成绩之差定义成另一个函数。

(52) 输入 n 个整数,排序后输出。排序的原则由命令行可选参数 −d 决定,有参数 −d 时按递减顺序排序,否则按递增顺序排序。

(53) 输入一行文字,统计其中大写字母、小写字母、空格、数字以及其它字符的数目。

(54) 输入一个字符串,内有数字和非数字字符,如:

　　　　wel234♯＄23480％％1345adf343

将其中连续的数字作为一个整数,依次存放到一数组 a 中。例如 1234 放在 a[0]中,23480 放在 a[1]中,…。统计共有多少个整数,并输出这些数。

(55) 输入三个字符串,按由小到大的顺序输出。

8.4 部分习题答案

1. 单项选择题答案

(1) A)　　　(2) C)　　　(3) A)　　　(4) A)　　　(5) C)

(6) B) C)　　(7) B)　　　(8) C)　　　(9) C)　　　(10) B)

(11) D)　　　(12) C)　　　(13) D)　　　(14) D)　　　(15) D)

(16) C)　　　(17) B)　　　(18) D)　　　(19) C)　　　(20) B)

(21) D)　　　(22) B)　　　(23) A)　　　(24) B)　　　(25) D)

(26) A)　　　(27) B)　　　(28) A)　　　(29) ① B) ② B) ③ C)

(30) ① A) ② C)

2. 填空题答案

(31) 4321　　(32) tomorrow　　(33) 1, 8　　(34) 4　　(35) 97　　(36) abcdefgfgfgfg

(37) 6385　　(38) (char ＊)　　(39) 12　　(40) n1＝1,n2＝6　(41) a＝9, b＝6, c＝3

(42) one two three　　(43) ① char ＊ ② ＝argv[1] ③ ＊str＋＋

3. 编程题参考答案

(47)
```
        char ＊ find_max_length_string(char ＊ Strings[], int nCount,
                                        int ＊ piMaxLength)
        {
            int nIndex;
            int nMaxLength＝0;
            int nLength;
            int i;
```

```
    char * p;

    for(i=0; i<nCount; i++){
    nLength=0;
    p=Strings[i];
    while(p[nLength]! ='\0')
      nLength++;
    if(nMaxLength<nLength){
      nMaxLength=nLength;
      nIndex=i;
    }
  }

    * piMaxLength=nMaxLength;
   return Strings[nIndex];
  }
```

(48)

```
  #include<stdio. h>

  int string_length(char * String);
  int main( )
  {
    char String[80];

    printf("Please input a string:");
    scanf("%s",String);
    printf("\n The length of this string is:%d\n", string_length(String));
    return 0;
  }

  int string_length(char *  String)
  {
    int nLength=0;

    while(String[nLength]! ='\0')
        nLength++;

    return(nLength);
  }
```

(49)

```
    int string_length(char * String);

    int strend(char * s,char * t)
    {
      int nsLength;
      int ntLength;

      nsLength=string_length(s)-1;
      ntLength=string_length(t)-1;
      while(ntLength>=0){
        if(s[nsLength--]! =t[ntLength--])
          return 0;
      }
        return 1;
    }

    int string_length(char * String)
    {
      int nLength=0;

      while(String[nLength]! ='\0')
          nLength++;

      return(nLength);
    }
```

(50)

```
    #include <stdio. h>
    #include <alloc. h>

    int main( )
    {
      char * Sequence;
      int n;
      int nLeft;
      int nCall;
      int nPointer;
      int i;
```

```
    printf("Please input n:");
    scanf("%d", &n);

    Sequence=(char * )malloc(sizeof(char) * n);
    for(i=0; i<n; i++)
     Sequence[i]=1;

    nLeft=n;
    nCall=0;
    nPointer=0;
    while(nLeft>1){
     if(Sequence[nPointer]==1){
       nCall++;
       if (nCall==3){
         Sequence[nPointer]=0;
         nCall=0;
         nLeft--;
     }
   }
     nPointer++;
     if (nPointer>=n)
       nPointer=0;
   }

    while(Sequence[nPointer ]! =1){
      nPointer++;
      if (nPointer>=n )
        nPointer=0;
   }
    printf("\nThe last one is:%d", nPointer+1);
    return 0;
   }
(53)
    #include <stdio. h>
    #include <string. h>

    int main( )
    {
       char cStr[80], ch;
```

```
        int i;
        int Num_AZ=0, Num_az=0, Num_space=0;
        int Num_figure=0, Num_others=0;

        printf("\n 请输入一行文字: ");
        for(i=0;(i<80)&&((ch=getchar( ))! = EOF)&&(ch! ='\n');i++)
            cStr[i]=(char)ch;
        cStr[i]='\0';

        for(i =0; i<(int)(strlen(cStr)); i++)
          {
            if((cStr[i]>='A')&&(cStr[i]<='Z'))
                ++Num_AZ;
            else if((cStr[i]>='a')&&(cStr[i]<='z'))
                ++Num_az;
            else if(cStr[i]==' ')
                ++Num_space;
            else if((cStr[i]>='0')&&(cStr[i]<='9'))
                ++Num_figure;
            else
                ++Num_others;
          }
        printf("\n 该文字含: %d 个大写字母, %d 个小写字母, %d 个空格, %d 个数
            字, %d其它字符\n", Num_AZ, Num_az, Num_space, Num_figure,
            Num_others);
        return 0;
    }
(54)
    #include <stdio. h>
    #include <string. h>

    #define TRUE 1
    #define FALSE 0

    int main( )
    {
    char cStr[80];
    int       nInt[40];
    int       i,j;
```

```
int        jBeUsed;

printf("\n 请输入一个字符串:");
scanf("%s", cStr);

for(j=0; j<20; j++)
    nInt[j]=0;
j=-1;
jBeUsed=FALSE;
for(i=0; i<strlen(cStr); i++)
{
    if((cStr[i]>='0')&&(cStr[i]<='9'))
    {
        if(jBeUsed==FALSE)
        {
            jBeUsed=TRUE;
            j++;
        }
        nInt[j]=nInt[j]*10+(int)(cStr[i]-'0');
    }
    else if((cStr[i-1]>='0')&&(cStr[i-1]<='9')&&(i>0))
    {
        jBeUsed=FALSE;
    }
}
printf("\n 此字符串的%d 个数为:",++j);
for(i=0; i<j; i++)
    printf(" %d", nInt[i]);
    return 0;
}
```

结构体和共用体

9.1　本　章　要　求

　　本章介绍了 C 语言中最后几种数据类型(结构体、共用体、位段)以及如何用 typedef 定义类型。其中结构体类型是重点,要求掌握结构体类型的引出和定义,结构体类型变量的定义、引用和初始化,结构体类型数组的定义、初始化及应用等;然后还要掌握指针与结构体类型变量、指针与结构体类型数组以及用结构体类型指针作函数的参数。结构体与指针的结合既是本章的重点又是难点。最后,本章还介绍了内存的动态分配和单向链表的简单操作,这是本章的另一个难点,但对于初学者,可不作为重点。

9.2　本章内容要点

　　(1) 结构体类型是一种构造类型,它将具有内在联系的不同类型的数据封装在一起,使 C 语言能够处理复杂的数据结构。

　　(2) 结构体类型是一种模板,地位相当于 int,要想真正分配内存空间,需在其上定义结构体类型变量。一般类型定义在前,变量定义在后,二者的组合有四种形式(书上的三种和用 typedef 的一种)。

　　(3) 结构体类型所封装的多个不同类型的数据称为成员变量,成员变量可以属于各种合法的 C 类型,还可以是另一个结构体类型,称为结构体类型嵌套。

　　同一结构体类型中的各成员变量不可互相重名,但不同结构体类型间的成员变量可以重名,并且成员变量名还可与程序中的变量重名,因为它们代表着不同的对象。

　　(4) 结构体类型变量可以用变量名整体引用来赋值,但不可整体进行输入输出;其各成员变量均可像其所属类型的普通变量一样进行该类型所允许的任何运算。若结构体定义是嵌套的,则只能引用最低级的成员变量(用若干"."运算符,逐级引用到最低级)。

　　(5) 结构体类型变量的值可以直接以初值表的形式初始化。

　　(6) 结构体类型数组是其元素为一个个结构体类型变量的数组。

　　(7) 结构体类型变量或数组首地址可赋给同一结构体类型的指针。有了指向某结构体类型变量的指针后,该结构体类型变量的成员便有了三种引用形式;指向结构体类型数组的指针可以提高数组的访问效率;结构体类型指针作为函数的参数传递数据非常有效;另外，利用结构体类型指针可以建立动态变化的数据结构，动态、合理地分配内存。

（8）内存的动态分配和链表使 C 语言程序更为灵活、完善，可以更合理地利用内存。对链表操作编程是指针与结构体的综合应用。

（9）C 语言允许不同数据类型的数据共用同一内存空间，这种形式的构造类型称为共用体。在引用共用体类型变量时应十分注意当前存放在共用体类型变量中的究竟是哪个成员。不能在定义共用体类型变量时对其初始化。不能把共用体类型变量作为函数参数或函数的返回值，但可以使用指向共用体类型变量的指针。

（10）位段是一种特殊的结构体类型，其每个成员变量是以位为单位来定义长度的，不再是各种数据类型的变量。

（11）类型定义语句 typedef 并不是用来定义新的数据类型的，只是用来对原有的数据类型起一个新的名字（习惯上常用大写字母表示，区别于系统提供的标准类型），方便后续程序的使用和程序的移植。

9.3　习　　题

1. 单项选择题

（1）在说明一个结构体变量时，系统分配给它的存储空间是_____。

　A）该结构体中第一个成员变量所需存储空间

　B）该结构体中最后一个成员变量所需存储空间

　C）该结构体中占用最大存储空间的成员变量所需存储空间

　D）该结构体中所有成员变量所需存储空间的总和

（2）在说明一个共用体变量时，系统分配给它的存储空间是_____。

　A）该共用体中第一个成员变量所需存储空间

　B）该共用体中最后一个成员变量所需存储空间

　C）该共用体中占用最大存储空间的成员变量所需存储空间

　D）该共用体中所有成员变量所需存储空间的总和

（3）下列关于结构体的描述中，_____是错误的。

　A）不能将一个结构体类型变量作为一个整体进行输入和输出

　B）对成员变量可以像普通变量一样进行其类型允许的各种运算

　C）可以引用某个成员变量的地址，也可以引用结构体变量的地址

　D）对于嵌套的结构体类型变量，各级的成员变量均可进行赋值

（4）下列关于共用体的描述中，_____是错误的。

　A）共用体变量的各个成员变量的地址都是同一地址

　B）不能对共用体变量用初始值表对各成员变量进行初始化

　C）共用体变量不能作为函数的返回值，也不能作函数的参数

　D）不能使用指向共用体变量的指针

（5）以下关于 typedef 的叙述中，不正确的是_____。

　A）用 typedef 可以定义各种类型名，但不能用来定义变量

　B）用 typedef 可以增加新类型

    C) 用 typedef 只是将已存在的类型用一个新的名称来代表

    D) 用 typedef 便于程序的通用和移植

(6) 下列关于结构体数据的描述中，_____是错误的。

    A) 结构体成员名和结构体变量名都有各自的含义，它们可以同名

    B) 结构体成员变量可以是另一个结构体类型变量

    C) 某结构体类型变量和指向该结构体类型的指针都可以作为该结构体类型的成员，称为结构体嵌套

    D) 一个数组可以作为结构体成员，结构体类型变量也可以作为数组元素

(7) 下列关于结构体类型变量和指向结构体类型变量的指针的描述中，_____是错误的。

    A) 指向结构体类型变量的指针可以作为函数的参数，也可作为函数的返回值

    B) 结构体类型变量可以作为函数的返回值，但不能作为函数的参数

    C) 结构体类型变量的运算主要是对该结构体类型变量的成员的运算，结构体类型变量的成员可以像普通变量一样进行各种该类型允许的运算

    D) 指向结构体类型变量的指针可赋以该结构体类型变量的地址，也可以使用 malloc( )函数分配一个内存地址值

(8) 若有以下说明和语句：

```
struct work_type
  { int no;
    char * name;
  } work, * p=& work;
```

则以下引用方式中不正确的两种是_____和_____。

    A) work->no   B) (* p). no   C) p->no   D) work. no   E) * p. no

(9) 根据下面的定义，能打印出字母 M 的语句是_____。

```
struct person { char name [9];
                int age;
              };
struct person group[10]={"John", 17,
                         "Paul", 19,
                         "Mary", 18,
                         "Adam", 16
                        };
```

    A) printf("%c\n", group[3]. name);

    B) printf("%c\n", group[3]. name[1]);

    C) printf("%c\n", group[2]. name[1]);

    D) printf("%c\n", group[2]. name[0]);

(10) 若有以下定义和语句：

```
struct student
  { int num;
```

```
        int age;
    };
  struct student stu[3]={{1001，20}，{1002，19}，{1003，21}}；
  main( )
    { struct student ＊p；
      p=stu；
      …
    }
```

则以下不正确的引用是_____。

　　A)（p++）->num　　　B) p++　　　C)（＊p）.num　　　D) p=&stu.age

（11）以下 scanf 函数调用语句中不正确的引用是_____。

```
  struct pupil
    { char name[20]；
      int age；
      int sex；
    } pup[10]，＊p=pup；
```

　　A) scanf("%d"，p->age)；　　　　　　　　　B) scanf("%d"，&pup[0].age)；

　　C) scanf("%d"，&(p->sex))；　　　　　　　D) scanf("%s"，pup[0].name)；

（12）若已建立下面的链表结构，指针 p、q 分别指向图中所示结点，则不能将 q 所指结点插入到链表末尾的一组语句是_____。

　　A) q->next=NULL；　　　p=p->next；　　　　　　　p->next=q；

　　B) p=p->next；　　　　　q->next=p->next；　　　　p->next=q；

　　C) p=(＊p).next；　　　　（＊q）.next=（＊p）.next；　　（＊p）.next=q；

　　D) p=p->next；　　　　　q->next=p；　　　　　　　p->next=q；

（13）下列语句中经多次执行可以完成建立 n 个结点的单向链表功能的选项是
_____（head 为链头，new 指向新建的结点）。

　　A) head->next=new；　　　new->next=head；

　　B) new->next=head；　　　head=new；

　　C) new->next=head；　　　head=new；　　　　　　　new->next=NULL；

　　D) head->next=NULL；　　head->next=new；　　　　new->next=head；

（14）以下程序的执行结果是_____。

```
  #include <stdio.h>
  void main( )
  {
    union
    {
```

```
    int x;
    struct
    {
      char c1;
      char c2;
    } b;
  }a;
a. x=0X1234;
printf("%x, %x\n", a. b. c1, a. b. c2);
}
```

A) 12, 34   B) 34, 12   C) 12, 00   D) 34, 00

(15) 以下程序的功能是读入一行字符，且每个字符存入一个结点，按先输入结点在尾，后输入结点在头的顺序建立一个链表，然后从链头开始输出并释放全部结点。请选择正确的编号填空。

```
# include<stdio. h>
# include<alloc. h>
# define getnode(type) ((type * ) malloc(sizeof(type)))
# define NULL 0
main( )
{
  struct node
  {
    char info;
    struct node ____①____ ;
  } * top, * p;
  char c;
  top=NULL;
  while((c=getchar( ))! ='\n')
  {
    p=getnode( ____②____ );
    p->info=c;
    p->link= ____③____ ;
    top= ____④____ ;
  }
  while(top! =NULL)
  {
    p= ____⑤____ ;
    printf("%c", p->info);
    top=p->link;
```

```
        free(p)；
      }
  }
```

① A) ＊p　　　　　B) ＊link　　　　C) ＊top　　　　D) link

② A) top　　　　　B) p　　　　　　C) node　　　　D) struct node

③ A) top　　　　　B) top－＞link　　C) p　　　　　D) p－＞link

④ A) link　　　　　B) p　　　　　　C) p－＞link　　D) top－＞link

⑤ A) p－＞link　　B) top－＞link　　C) top　　　　D) link

2. 填空题

(16) C 语言允许定义由不同数据项组合的数据类型，称为_____。

(17) _____、_____和_____都是 C 语言的构造类型。

(18) 结构体变量成员的引用方式是使用_____运算符。

(19) C 语言允许使用_____声明新的类型名来代替已有的类型名。

(20) 结构体类型是建立动态数据结构的非常有用的工具，在构造链表时必须在结构体类型定义中包含数据信息和_____。

(21) 若有定义：

```
    struct student
      { long int num；
        int age；
      } s1，＊ps＝&s1；
```

则将学号 9912006 赋给结构体类型变量 s1 的成员 num 的三种赋值语句是_____。

(22) 在 16 位 IBM－PC 机上使用 C 语言，若有如下定义：

```
    struct data
      { int i；
        char ch；
        double f；
      } b；
```

则结构变量 b 占用内存的字节数是_____。

(23) 以下程序的运行结果是_____。

```
    #include "stdio. h"
    void main( )
    {
      union
      {
        long a；
        int b；
        char c；
      } m；
      printf("%d\n"，sizeof(m))；
```

```
        }
```
（24）有如下定义：
```
        struct
          { int x;
             char * y;
          } table[2]={{10，"ab"}，{20，"ch"}}，* p=table;
```
则以下程序执行的结果是_____。
```
        # include <stdio. h>
        void main( )
        {
          printf("%d ",( * p++). x);
          printf("%c ", * p->y);
          printf("%d\n",++ * p->y);
        }
```

（25）有如下定义：
```
        struct
          {
            int x;
            int y;
          } s[2]={{1，6}，{3，9}}，* p=s;
```
则以下表达式的结果是：（各句彼此独立，无顺序关系）
```
        p->y++的结果是_____①_____。
        (++p)->y 的结果是_____②_____。
        ++p->x 的结果是_____③_____。
        (++p)->x 的结果是_____④_____。
```
（26）以下程序的执行结果是_____。
```
        struct stru
          {
            int x;
            char ch;
          };
        # include <stdio. h>
        void main( )
        {
          struct stru a={10，'x'};
          func(a);
          printf("%d, %c\n", a. x, a. ch);
        }
        func(struct stru b)
```

```
    {
        b. x=100;
        b. ch='n';
    }
```

(27) 以下程序的执行结果是_____。

```
struct stru
{
    int x;
    char ch;
};
# include <stdio. h>
void main( )
{
    struct stru a={10, 'x'}, * p=&a;
    func(p);
    printf("%d, %c\n", a. x, a. ch);
}
func(struct stru * b)
{
    b->x=200;
    b->ch='y';
}
```

(28) 以下程序的执行结果是_____。

```
struct mn
{
    int x, * y;
} * p;
int a[ ]={15, 20, 25, 30};
struct mn aa[ ]={35, &a[0], 40, &a[1], 45, &a[2], 50, &a[3]};
# include <stdio. h>
void main( )
{
    p=aa;
    printf("%d ",++p->x);
    printf("%d ",(++p)->x);
    printf("%d\n",( * p->y));
}
```

(29) 设有三人的姓名和年龄存储在结构体类型数组中,以下程序输出三人中年龄居中者的姓名和年龄,请填入正确内容。

```
struct man
{
  char name[20];
  int age;
} person[ ]={{"Li_ming", 18},
             {" Wang_hua", 19},
             { " Zhang_Li", 20}
             };
# include <stdio.h>
void main( )
{
  int i, j, max, min;
  max=min=person[0].age;
  for(i=1; i<3; i++)
      if(person[i].age>max)_____①_____;
      else if(person[i].age<min)_____②_____;
  printf("\n");
  for(i=0; i<3; i++)
    if((person[i].age<max)&&(person[i].age>min))
    {
        printf("\n%s %d", person[i].name, person[i].age);
    }
}
```

(30) 据下图所示,在以下程序段中的空白处填写适当的内容。

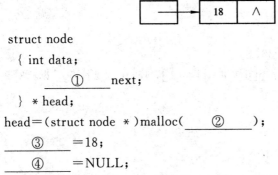

```
struct node
  { int data;
      _____①_____ next;
  } * head;
head=(struct node * )malloc(_____②_____);
_____③_____=18;
_____④_____=NULL;
```

(31) 以下函数 average 的功能是计算一链表中考生总分的平均值,请填空。结点类型为:

```
struct ks
{
  float score;
  struct ks * next;
```

```
       }
程序段如下：
       void average(struct ks * head)
       {
         struct ks * p;
         float sum=0.0, aver;
         int n=0;
         p=head;
         while(_____①_____)
         {
            n++;
            sum+=p->score;
            _____②_____;
         }
         aver=sum/n;
         printf("The average is:%5.1f\n",aver);
       }
```

(32) 以下程序的运行结果是_____。

```
       #include <stdio.h>
       void main( )
       {
         struct unit_type
         {
            unsigned a:2;
            unsigned b:3;
            unsigned c:1;
            unsigned d:4;
            unsigned e:3;
            unsigned :3;
         };
       union
         {
            struct unit_type unit;
            unsigned i;
         } x;
       x.i=255;
       printf("%d\n",x.unit.d+2);
       }
```

3. 编程题

(33) 试利用结构体编制一程序，实现输入一个学生的数学期中和期末成绩，然后计算并输出其平均成绩。

(34) 试利用结构体指针编制一程序，实现输入十个学生的学号、期中和期末成绩。然后计算并输出每个学生的平均成绩和成绩表，根据输入的学生学号实现该学生成绩的添加和删除。

(35) 利用结构体型数组存放 n 个职工信息，编程实现：

① 从键盘输入 n 个职工信息。

② 根据键盘读入的某个职工姓名，查找该职工，并输出其工资情况。

要求分别用子函数完成。

(36) 已知以下链表，请完成：

① 给出链表结点的 C 语言数据类型描述。

② 用 C 语言表示：为链表的某个结点申请内存空间，并存放整数 50。

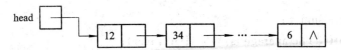

(37) 编写五个单向链表的处理函数：

① 复制出与已知链表完全相同的链表。

② 复制出与已知链表的链接关系颠倒的链表。

③ 复制出一个按其中某一数据成员排序的链表。

④ 删除其中某一结点。

⑤ 插入一结点。

9.4　部分习题答案

1. 单项选择题答案

(1) D)	(2) C)	(3) D)	(4) D)	(5) B)
(6) C)	(7) B)	(8) A) E)	(9) D)	(10) D)
(11) A)	(12) D)	(13) B)	(14) B)	

(15) ① B)　②D)　③A)　④ B)　⑤ C)

2. 填空题答案

(16) 结构体

(17) 结构体、共用体、数组

(18) 点 ·

(19) typedef

(20) 指向同结构体类型的指针成员

(21) s1. num＝9912006;　　(＊ps). num＝9912006;　　　　ps－＞num＝9912006;

(22) 11　　(23) 4　　(24) 10　c　100　(25) ① 6　② 9　③ 2　④ 3

(26) 10，x　　(27) 200，y　　(28) 36　40　20

(29) ① max＝person[i].age　　② min＝person[i].age

(30) ① struct node ＊　　② size of(struct node)

③ head－＞data 或(＊head).data　　④ head－＞next 或(＊head).next

(31) ① p!＝NULL　　② p＝p－＞next

(32) 5

3. 编程题参考答案(部分)

(33)

```
/＊输入学生期中和期末成绩，计算其平均分 ＊/
#include <stdio.h>
int main()
{
    struct student
    {
        char name[10];          //姓名
        char number[10];        //学号
        float score1;           //期中成绩
        float score2;           //期末成绩
        float aver;             //平均分
    };
    struct student stu;
    printf("输入学生信息:\n");
    printf("姓名:");
    gets(stu.name);
    printf("学号:");
    gets(stu.number);
    printf("期中成绩:");
    scanf("%f",&stu.score1);
    printf("期末成绩:");
    scanf("%f",&stu.score2);
    printf("平均分=%.2f\n",(stu.score1+stu.score2)/2);
    return 0;
}
```

(35)

```
/＊输入职工信息，并查找某职工的工资情况 ＊/
#define N 10
#include <stdio.h>
#include <string.h>
struct staff
```

```c
{
    char name[20];
    int salary;
    int cost;
    int realsum;
};
struct staff worker[N];
void Input()                        //输入函数
{
    int i;
    for(i=0;i<N;i++)
    {   printf("姓名:");
        fflush(stdin);              //清除缓存中的数据
        gets(worker[i].name);  printf("应发工资:");
        scanf("%d",&worker[i].salary);
        printf("扣除:");   scanf("%d",&worker[i].cost);
    }
}
void Locate(char xname[20])      // 查找职工并输出其工资情况
{
    int i;
    for(i=0;i<N;i++)
        if(strcmp(xname,worker[i].name)==0)
        {
            printf("------------%s------------", xname);
            printf("\n    slary：%6d",worker[i].salary);
            printf("\n    cost：%6d",worker[i].cost);
            printf("\n    payed：%6d\n",worker[i].salary-worker[i].cost);
        }
}
int main()
{
    char xname[20];
    Input();
    printf("输入查找的职工姓名:");
    fflush(stdin);                  //清除缓存中的数据
    gets(xname);
    Locate(xname);
    return 0;
}
```

（36）

① 结点类型描述：

```
typedef struct node
{
    int data;
    struct node * next;
} linklist;
linklist * head;
```

② 申请节点空间：

```
linklist * p;
p=(linklist * )malloc(sizeof(linklist));
p—>data=50;
```

第 10 章

文 件

10.1 本 章 要 求

文件是程序设计中的一个重要概念。要求掌握文件、数据流以及流式文件的概念,有关缓冲文件操作的各种库函数,其中重点要掌握 fopen( )、fclose( )及四类主要的文件读写函数。另外,还要了解 rewind( )、fseek( )、ftell( )等文件指针控制函数,学习文件的随机读写。

10.2 本章内容要点

(1) 磁盘文件是存储在外部介质上的程序或数据的集合;C 语言程序中的文件是指磁盘文件和设备文件。

(2) 数据文件是磁盘文件的一种,是程序设计的一种重要的数据类型。其引入的主要目的:一是可使数据永久保存在外存储器上;二是可以方便地进行大量数据的输入和保存。

(3) 根据文件内数据的组织形式,数据文件可分为文本(text)文件和二进制文件。

(4) 数据流是对数据输入/输出行为的一种抽象。数据流使 C 语言程序完全与具体硬件资源或文件脱离关系,即数据流使 C 语言程序具有与具体系统的完全不相关性,使 C 语言程序可以非常方便地编写、维护和移植。

(5) C 语言的文件系统可分为缓冲文件系统和非缓冲文件系统两类。C 语言中将缓冲文件看成是流式文件,即无论文件的内容是什么,一律看成是由字符(文本文件)或字节(二进制文件)构成的序列,即字符流。流式文件的基本单位是字节,磁盘文件和内存变量之间的数据均以字节为基础。

(6) 文件类型 FILE 是 C 语言中提供的有关文件信息的一种结构体类型,可以利用它定义文件型指针,该指针可以理解为缓冲文件的数据流,是其后程序所有文件操作的对象。

(7) C 语言对文件的操作都是用库函数来实现的。fopen 函数用于打开文件,在打开一个文件时,需将以下三个信息通知编译系统:① 需要打开的文件名;② 使用文件的方式(读还是写等);③ 让哪一个文件型指针变量指向被打开的文件。在使用完一个文件后应该调用 fclose( )函数关闭文件。

（8）C 语言提供了多种文件读写函数，如 fputc( )和 fgetc( )、fputs( )和 fgets( )、fprintf( )和 fscanf( )及 fread( )和 fwrite( )等函数。利用这些函数可以完成对文件的读写操作。

（9）C 语言还提供了文件指针控制函数，如 rewind( )、fseek( )、ftell( )等，以实现文件的随机读写。

10.3 习 题

1. 单项选择题

（1）下列关于 C 语言文件的描述中，_____是错误的。

    A) 文件既指通常所说的磁盘文件，也指设备文件

    B) 数据文件是磁盘文件之一，通常分为文本文件和二进制文件两种

    C) C 语言的文件系统分为缓冲文件系统和非缓冲文件系统，后者可看成是流式文件

    D) "流"的引入使 C 程序具有与具体系统的完全不相关性，使 C 语言程序的编写、维护和移植更为方便

（2）系统的标准输入文件是指_____，标准输出文件指_____。

    A) 键盘   B) 显示器   C) 软盘   D) 硬盘

（3）执行 fopen( )函数打开一个二进制文件，若失败，则带回一个_____。

    A) 地址值   B) 0   C) 1   D) EOF

（4）当顺利执行了文件的关闭操作时，fclose 函数的返回值为_____。

    A) −1   B) TURE   C) 0   D) 1

（5）当已存在一个 d1.txt 文件时，执行函数 fopen("d1.txt","r+")的功能是_____。

    A) 打开 d1.txt 文件，清除原有的内容

    B) 打开 d1.txt 文件，只能写入新的内容

    C) 打开 d1.txt 文件，只能读取原有的内容

    D) 打开 d1.txt 文件，可以读取和写入文件的内容

（6）fopen( )函数的取值为"r"或"w"时，它们之间的差别是_____。

    A) "r"可从文件读入，"w"不可从文件读入

    B) "r"不可从文件读入，"w"可从文件读入

    C) "r"可向文件写出，"w"可从文件读入

    D) 文件不存在时，"r"建立新文件，"w"出错

（7）若用 fopen( )函数打开一个新的二进制文件，该文件可以读也可以写，则文件打开模式是_____。

    A) "ab+"   B) "wb+"   C) "rb+"   D) "ab"

（8）fgetc( )函数的作用是从指定文件读入一个字符，该文件的打开方式必须是_____。

A) 只写   B) 追加   C) 读或读写   D) 答案 B)和 C)都正确

(9) 若调用 fputc( )函数输出字符成功,则其返回值是_____。

     A) EOF   B) 1   C) 0   D) 输出的字符

(10) 使用 fseek( )函数可以实现的操作是_____。

     A) 改变文件位置指针的当前位置   B) 文件顺序读写

     C) 改变文件型指针   D) 以上都对

(11) 函数 rewind( )的作用是_____。

     A) 使位置指针重新返回文件开头

     B) 将位置指针指向文件中所要求的特定位置

     C) 使位置指针指向文件末尾

     D) 使位置指针自动移至下一个字符位置

(12) 函数 ftell(fp)的作用是_____。

     A) 得到流式文件中位置指针的当前位置

     B) 移动流式文件的位置指针

     C) 初始化流式文件的位置指针

     D) 以上答案均正确

(13) fread(buf, 64, 2, fp)的功能是_____。

     A) 从 fp 文件流中读出整数 64,并存放在起始地址为 buf 的内存中

     B) 从 fp 文件流中读出整数 64 和 2,并存放在起始地址为 buf 的内存中

     C) 从 fp 文件流中读出 64 个字节的字符,并存放在起始地址为 buf 的内存中

     D) 从 fp 文件流中读出 2 个 64 个字节的字符,并存放在起始地址为 buf 的内存中

(14) 下列程序的功能是_____。

```
# include <stdio.h>
void main( )
{
    FILE * fp;
    char str[ ]="HELLO";
    fp=fopen("PRN"，"w");
    fputs(str , fp);
    fclose(fp);
}
```

     A) 在屏幕上显示"HELLO"

     B) 把"HELLO"存入 PRN 文件中

     C) 在打印机上打印出"HELLO"

     D) 以上都不对

(15) 下列程序的功能是_____。

```
# include <stdio.h>
void main( )
```

```
    {
        FILE  * fp;
        fp=fopen("d15. dat", "r+");
        while(! feof(fp))
            if (fgetc(fp)=='*')
            {
            fseek(fp, -1L, SEEK_CUR);
            fputc('$', fp);
            fseek(fp, ftell(fp), SEEK_SET);
            }
        fclose(fp);
    }
```

A) 将 d15. dat 文件中所有的'*'均换成'$'

B) 查找 d15. dat 文件中所有的'*'

C) 查找 d15. dat 文件中所有的'$'

D) 将 d15. dat 文件中的所有字符均换成'$'

(16) 下列程序执行后，d16. dat 文件的内容是_____。

```
    #include<stdio. h>
    void main( )
    {
        FILE  * fp;
        char  * str1="first";
        char  * str2="second";
        if ((fp=fopen("d16. dat", "w+"))==NULL)
        {
            printf("Can't open the file\n");
            exit(1);
        }
        fwrite(str2, 6,1, fp);
        fseek(fp, 0L, SEEK_SET);
        fwrite(str1, 5, 1, fp);
        fclose(fp);
    }
```

A) first　　　　B) second　　　　C) first　　　　D) 为空

(17) 以下程序用于建立一个名为 d17. dat 的文件，并把从键盘输入的字符存入该文件，当键盘输入结束时关闭该文件。请选择正确的编号填空。

```
    #include <stdio. h>
    void main( )
    {
```

```
        FILE * fp;
        char c;
        fp=  ①  ("d17. dat",  ②  );
        do{ c=gethchar( );
            fputc(c, fp);
          } while (c! =EOF);
        fclose(fp);
    }
```

① A) fgets   B) fopen   C) fclose   D) fgetc

② A) "r"   B) "r+"   C) "w"   D) "w+"

(18) 以下程序用于从键盘输入一个以"#"字符为结束标志的字符串,将它存入指定的文件中。请选择正确的编号填空。

```
    #include <stdio. h>
    void main( )
    {
        FILE * fp;
        char ch, fname[10];
        printf("输入文件名:");
        scanf("%s", fname );
        if ((  ①  )==NULL)
          {
          printf("不能打开文件\n");
          exit(0);
          }
        ch=getchar( );
        while(  ②  )
          {
            fputc(ch, fp);
            ③ ;
          }
      fclose(fp);
    }
```

① A) fp=fopen(fname, "r")   B) fp=fopen(fname , "w")

   C) fp=fopen("fname", "r")   D) fp=fopen("fname ", "w")

② A) ch! ='#'   B) ch<>'#'   C) ch=='#'   D) ! ch=='#'

③ A) getc(ch)   B) getc( )   C) ch=getchar( )   D) getchar(ch)

(19) 键入若干行字符(每行以回车结束),写入文件 d19. dat。选择正确的编号填空。

```
    #include <stdio. h>
    #include <string. h>
```

```
void main( )
{
    FILE * fp;
    char str[80];
    if ((fp=fopen("d19.dat","w"))==NULL)
        {
            printf ("d19.dat 不能打开");
            exit(0);
        }
    printf("Input the string:\n");
    while(strlen(gets(str))>0)
    {_____①_____
        _____②_____
    }
    fclose (fp);
}
```

① A) fgets(str, fp)　　　　　B) fputs(str, fp)

　 C) fgets(fp, str)　　　　　D) fputs(fp, str)

② A) fprintf("\n")　　　　　B) fgetc('\n')

　 C) fputc('\n')　　　　　　D) fputs("\n", fp)

(20) 以下程序对文件 d20.dat 进行了两次操作,第一次将它显示在屏幕上,第二次将它复制到 d20.out 文件中。请选择正确的编号填空。

```
#include<stdio.h>
void main( )
{
    FILE * fp1, * fp2;
    fp1=fopen("d20.dat", "r");
    fp2=fopen("d20.out", "w");
    while(___①___)
        putchar (fgetc(fp));
    _____②_____;
    while(___③___)
        fputc(fgetc(fp1), fp2);
    fclose(fp1);
    fclose(fp2);
}
```

① A) fp1　　　　B) feof(fp1)　　　　C) ! feof(fp1)　　　　D) ! feof(fp2)

② A) fputc(fp1)　B) rewind(fp1)　　　C) fputc(fp2)　　　　D) rewind(fp2)

③ A) fp1　　　　B) feof(fp1)　　　　C) ! feof(fp1)　　　　D) ! feof(fp2)

2. 填空题

(21) C 语言中根据数据的组织形式,把文件分为_____和_____两种。按系统对文件的处理方法可分为_____和_____文件系统。

(22) 在 C 语言中输入输出设备均作为文件进行处理,常把常用的外部设备作为标准设备文件来处理,它们是_____、_____、_____和_____。这些标准设备所对应的标准设备文件是_____、_____、_____和_____。

(23) 打开文件对其操作完毕之后,应该_____,将缓冲区的数据写入文件,以避免数据丢失。

(24) 使用 fopen("abc", "r+")打开文件时,若 abc 文件不存在,则_____。

(25) 使用 fopen("abc", "w+")打开文件时,若 abc 文件已存在,则_____。

(26) 使用 fopen("abc", "a+")打开文件时,若 abc 文件不存在,则_____。

(27) fgetc(stdin)函数的功能是_____。

(28) fputs(str, stdout)函数的功能是_____。

(29) 函数调用语句:fgets(str, n, fp);从 fp 指向的文件中读入_____个字符放到 str 字符数组中。若函数执行成功,则返回_____,否则返回_____。

(30) 设有以下结构体类型:

```
struct student
{ char name[6];
  int num;
  float s[4];
} stu[40];
```

并且结构体数组 stu 中的元素都已有初值,语句 fwrite(stu,_____, 1, fp);将这些元素写到磁盘文件 fp 中。

(31) 下面程序用变量 count 统计文件中字符的个数。请在空格处填入适当的内容。

```
#include <stdio. h>
void main( )
{
  FILE  * fp;
  long count=0;
  if((fp=fopen("letter. txt",  __①__ ))==NULL)
  {
    printf("cannot open file\n");
    exit(0);
  }
  while( __②__ )
  {
    fgetc(fp);
    _____③_____;
  }
  printf("There are %ld characters in the letter. txt\n",count);
```

```
        fclose(fp);
    }
```

（32）下面的程序把从终端读入的 10 个整数以二进制方式写到一个名为 d32. dat 的新文件中，请填空。

```
    #include <stdio.h>
    void main( )
    {
        int i,j;
        FILE * fp;
        if((fp=fopen(   ①    ,"wb"))===NULL)
            exit(0);
        for(i=0;i<10;i++)
        {
            scanf("%d",&j);
            fwrite(&j,sizeof(int),1,   ②   );
        }
        fclose(fp);
    }
```

（33）以下程序运行后的结果是_____。

```
    #include <stdio.h>
    void main ( )
    {
        FILE * fp;
        long position;
        fp=fopen ("d33.txt","w");
        position=ftell(fp);
        printf("position=%ld\n",position);
        fprintf(fp,"%d%d%c",65,65,'a');
        position=ftell(fp);
        printf("position=%ld\n",position);
        fclose(fp);
    }
```

（34）以下程序的执行结果是_____。

```
    #include <stdio.h>
    void main( )
    {
        FILE * fp;
        int i,n;
        if((fp=fopen("d34.dat", "w+"))==NULL)
        {
```

```
        printf("不能建立 d34.dat 文件\n");
        exit(0);
      }
  for(i=1;i<=10;i++)
    fprintf(fp,"%3d",i);
  for(i=0;i<5;i++)
    { fseek(fp,i*6L,SEEK_SET);
      fscanf(fp,"%3d",&n);
      printf("%3d",n);
    }
  printf("\n");
  fclose(fp);
}
```

3. 编程题

(35) 编写一个程序,由键盘输入一个文件名,然后把从键盘键入的字符依次存放到该文件中,用"♯"字符作为结束输入的标志。

(36) 编写一个程序,建立一个 d38.txt 文本文件,向其中写入"this is a test"字符串,然后显示该文件的内容。

(37) 有两个磁盘文件"A.TXT"和"B.TXT",各放一行字母,要求将两个文件中的信息合并(按字母顺序排列),输出到新文件"C.TXT"中去。

(38) 请编写程序:从键盘输入一个字符串,将其中的小写字母全部转换成大写字母,输入一个字符串放到数组 str 中(字符个数最多为 100 个),函数返回字符串的长度,在主函数中输出字符串及其长度。

(39) 编写一个程序,将文本文件中指定的单词替换成另一个单词。

(40) 设文件 number.dat 中存放了若干个整数,请编程统计并输出文件中正整数、零和负整数的个数。

(41) 有一个文件 emp 存放职工的数据。每个职工的数据包括职工号、姓名、性别、年龄和工资(假设没有重复的职工号)。编写实现如下功能的程序:

① 根据用户的输入建立 emp 文件。

② 在 emp 文件末尾追加职工记录。

③ 在用户指定的记录之前插入一个新记录。

④ 根据用户输入的职工号和对应的数据修改该职工的数据。

⑤ 根据用户输入的职工号删除该职工的数据。

⑥ 根据用户输入的工资,显示大于该工资的职工的所有信息。

(42) 编写一个程序,实现同上题结构的 emp 文件的数据查询操作,用户按键及对应功能如下:

↑:显示上一个职工记录;

↓:显示下一个职工记录;

PgUp:显示前面第 page 个职工记录;

PgDn:显示后面第 page 个职工记录;

Esc：退出。

10.4 部分习题答案

1. 单项选择题答案

(1) C)　　　(2) A) B)　　　(3) B)　　　(4) C)　　　(5) D)　　　(6) A)

(7) B)　　　(8) C)　　　(9) D)　　　(10) A)　　(11) A)　　(12) A)

(13) D)　　(14) B)　　(15) A)　　(16) A)　　(17) ① B) ② C)

(18) ① B) ② A) ③ C)　　　(19) ① B) ② D)　　　(20) ① C) ② B) ③ C)

2. 填空题答案

(21) 文本文件　　二进制文件　　缓冲文件系统　　非缓冲

(22) 键盘　　显示器　　打印机　　鼠标　　stdin　　stdout　　stdprn　　stdaux

(23) 关闭文件

(24) 出错(返回空指针)

(25) 清除原文件数据

(26) 建立新文件

(27) 从键盘获取一个字符

(28) 将字符数组 str 的内容在屏幕上显示出来

(29) n−1　　str 的首地址　　空指针

(30) 40 * sizeof(struct student)

(31) ① "r"　　② ! feof(fp)或 feof(fp)＝＝0　　③ count＋＋

(32) ① "d32. dat"　　② fp

(33) position＝0

position＝5

文件 d33. txt 的内容为 6565a

(34) 1　3　5　7　9

3. 编程题参考答案(部分)

(36)

```
/* 将字符串"this is a test"写入文件，并读出显示 */
#include<stdio. h>
#include <string. h>
int main()
{
    FILE * fp;
    char str[100];
    int i＝0;
    fp＝fopen("d38. dat","w");
    strcpy(str,"this is a test");
    while(str[i]! ＝'\0') /* 写入文件 */
    {
```

```
            fputc(str[i],fp);
            i++;
        }
        fclose(fp);
        fp=fopen("d38. dat","r");
        fgets(str,strlen(str)+1,fp);
        printf("%s\n",str);
        fclose(fp);
    }
```

(37)

```
    /* 将文件 A. TXT 和 B. TXT 中的字符合并后排序,并写入文件 C. TXT  */
    #include<stdio. h>
    int main()
    {
        FILE  * fp;
        int i,j,n;
        char c[160],t,ch;
        fp=fopen("A. TXT","r");
        printf("A 中字符:");
        for(i=0;(ch=fgetc(fp))!=EOF;i++) /* 读取 A. TXT 的字符,存入字符数组 c */
        {
            c[i]=ch;
            putchar(c[i]);
        }
        fclose(fp);
        printf("\nB 中字符:");
        fp=fopen("B. TXT","r");   /* 读取 B. TXT 的字符,续存入字符数组 c */
        for(;(ch=fgetc(fp))!='\n';i++)
        {
            c[i]=ch;
            putchar(c[i]);
        }
        fclose(fp);

        n=i;
        for(i=0;i<n;i++)              /* 对 c 数组排序 */
          for(j=i+1;j<n;j++)
              if(c[i]>c[j])
              { t=c[i]; c[i]=c[j];c[j]=t; }
        printf("\nC file is:");
```

```
    fp＝fopen("C. TXT","w"); /＊写入文件 C. TXT 并输出 ＊/
    for(i＝0;i＜n;i＋＋)
    {
        fputc(c[i],fp);
        putchar(c[i]);
    }
    fclose(fp);
    printf("\n");
    return 0;
}
```

(40)
```
/＊统计文件 number. dat 中整数、负数的个数 ＊/
#include ＜stdio. h＞
int main()
{
    FILE ＊fp;
    int i,a,b,c;
    a＝b＝c＝0;
    printf("读出文件中的整数并统计:");
    fp＝fopen("number. dat","r");
    while(! feof(fp)) /＊读取 number. dat 中的整数 ＊/
    {
        fscanf(fp,"%d",&i);
        printf("%d ",i);
        if(i＞0) a＋＋;
        if(i＜0) b＋＋;
        if(i＝＝0) c＋＋;
    }
    fclose(fp);
    printf("\n 正数%d 负数%d 零%d\n",a,b,c);
    return 0;
}
```

Visual C++ 6.0 的实验环境

Visual C++ 6.0 是 Microsoft 公司基于 C++的开发工具，它是 Microsoft Visual Studio 6.0 套装软件的一个组成部分，提供了一套完整的程序设计方案，不仅适用于C++语言的编程，也兼容 C 语言的编程。虽然利用这个平台来学习 C 程序设计，并未利用 Visual C++ 6.0 提供的大量资源，有些"浪费"，但若能熟悉这个平台，既能充分利用其文本编辑功能，设计符合标准 C 编程规范的程序，又对于今后进一步学习面向对象软件设计起到巩固基础的作用。

11.1　Visual C++ 6.0 的安装与启动

11.1.1　Visual C++ 6.0 的安装

目前市面上出售的 Visual C++ 6.0 系统大多存放在 Microsoft Visual Studio 6.0 套装软件中的一张 CD 盘上。与其它 Windows 应用程序的安装一样，Visual C++ 6.0 提供安装程序 setup.exe，执行该程序后，即可按屏幕的提示采用典型安装方式或其它安装方式，使用默认路径或指定路径，按步骤完成系统的安装。系统安装成功后，Visual C++ 6.0 按默认路径被安装在 C 盘的\Program Files\Microsoft Visual Studio\VC98 文件夹中。

11.1.2　Visual C++ 6.0 的启动

Visual C++ 6.0 安装结束后，在 Windows 的"开始"→"程序"菜单中会出现 "Microsoft Visual Studio 6.0"子菜单，只要单击"Microsoft Visual C++ 6.0"，即可启动 Visual C++ 6.0。

也可以通过桌面上的快捷图标来启动 Visual C++ 6.0。若桌面上已自动建立了 Microsoft Visual C++ 6.0 快捷图标，则双击快捷图标即可。若桌面上没有 Microsoft Visual C++ 6.0 的快捷图标，可以使用 Windows 系统提供的建立快捷图标功能在桌面上建立 Microsoft Visual C++ 6.0 的快捷图标。

启动后的窗口如图 11.1 所示。

在该窗口中显示了一条帮助信息。单击该窗口中的 Next Tip 按钮可继续得到更多的帮助信息。若单击 Close 按钮，则会关闭该窗口。

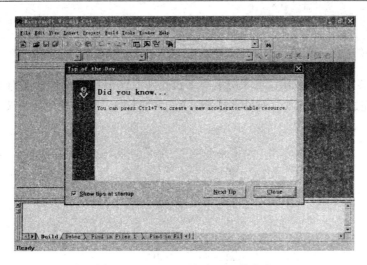

图 11.1　Visual C++ 6.0 的启动

11.1.3　Visual C++ 6.0 的主窗口

关闭提示窗口后，屏幕显示 Visual C++ 6.0 开发平台的主窗口，如图 11.2 所示。

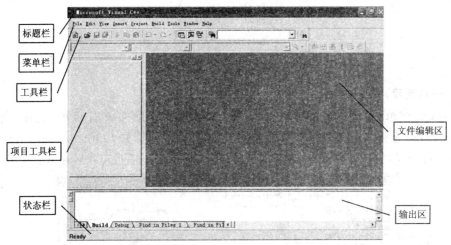

图 11.2　Visual C++ 6.0 的主窗口

Visual C++ 6.0 集成环境(简称 IDE，即 Integrated Development Environment)的主窗口包括标题栏、菜单栏、工具栏、项目工作区、文件编辑区、输出区和状态栏等。

菜单栏、工具栏、项目工作区、文件编辑区、输出区都是 IDE 的子窗口，在主窗口内浮动，可以用鼠标拖动来改变其位置和大小。

下面将对 Visual C++ 6.0 集成环境主窗口的各个组成部分做简单的介绍。

11.2　Visual C++ 6.0 的使用

Visual C++ 6.0 提供了开发应用程序的主要工具，它由 File(文件)、Edit(编辑)、View(查看)、Insert(插入)、Project(工程)、Build(编译)、Tools(工具)、Window(窗口)和

Help(帮助)等 9 个菜单项组成,每个菜单项又由若干个下拉子菜单或菜单项组成。

11.2.1　File(文件)菜单

单击 File 菜单项弹出如图 11.3 所示的下拉菜单,该下拉菜单包括了对文件操作的各种命令,主要完成文件的建立、保存、打开、关闭和打印等工作。常用的子菜单命令有如下 7 个。

图 11.3　File 菜单

1. New(新建)命令

单击文件菜单中的 New 命令将打开一个如图 11.4 所的 New 对话框。其中包括四个选项卡:Files(文件)、Projects(工程)、Workspaces(工作区)和 Other Docuents(其它文档),用户可以通过这些选项卡创建新的文件、工程(项目)、项目工作区和其它文档。

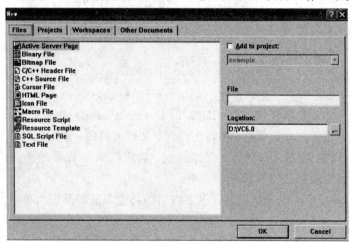

图 11.4　File 选项卡

1) File(文件)选项卡

在 New 对话框中,单击 File 标签,将打开 File 选项卡,Visual C++ 6.0 可以创建的文件类型有 Active Server Page(活动服务器页文件)、Binary File(二进制文件)、Bitmap File(位图文件)、C/C++ Header File(C/C++头文件)、C++ Source File(C++源文件)、Cursor File(光标文件)、HTML Page(HTML 文件)、Icon File(图标文件)、Macro File(宏文件)、Resource Script(资源脚本文件)、Resource Template(资源模板文件)、SQL Script File(SQL 脚本文件)和 Text File(文本文件)。

若要创建上述任何一种文件,可在 File 选项卡中选择相应的文件类型,然后在对话框右边的 File 文本框中键入想要创建文件的名字,在 Location 文本框中键入新文件的存放目录,最后单击 OK 按钮。

2) Project(工程)选项卡

单击 Project 标签,将打开如图 11.5 所示的 Project 选项卡,其中列出了 Visual C++ 6.0 可以创建的项目类型。这些项目类型包括:ATL COM AppWizard(ATL 应用程序)、Cluster Resource Type Wizard(资源类型项目)、Custom AppWizard(自定义应用程序)、Database Project(数据库项目)、DevStudio Add-in Wizard(自动化宏)、Extended Stored Proc Wizard(扩展存储进程)、ISAPI Extension Wizard Internet(服务器或过滤器)、Makefile(Make 文件)、MFC ActiveX ControlWizard(ActiveX 控件程序)、MFC AppWizard(dll)(MFC 动态链接库)、MFC AppWizard(exe)(MFC 可执行程序)、New Database Wizard(SQL 服务器数据库)、Utility Project(不包含任何文件的空项目)、Win32 Application(Win32 应用程序)、Win32 Console Application(Win32 控制台应用程序)、Win32 Dynamic-Link Library(Win32 动态链接库)和 Win32 Static Library(Win 静态库)。

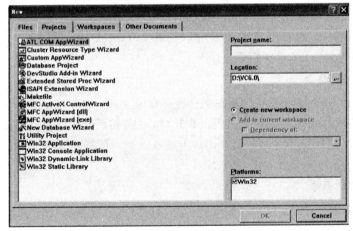

图 11.5　Project 选项卡

若要创建上述某种项目,则在 Project 选项卡中选择相应的项目类型,然后在该对话框右边的 Project 文本框中键入想要创建项目的名字,在 Location 文本框中键入新项目的存放目录,最后单击 OK 按钮。

建立项目后,可在项目中新建文件或插入已有文件。

3) Workspace(工作区)选项卡

单击 Workspace 标签,将打开一个如图 11.6 所示的 Workspace 选项卡,利用该选项卡可以创建新的项目工作区。

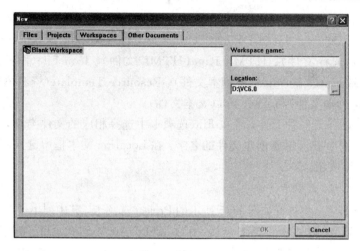

图 11.6　Workspace 选项卡

使用 Workspace 选项卡创建新的项目工作区时，首先选中惟一的 Blank Workspace 选项，然后在该对话框右边的 Workspace name 文本框中键入想要创建新工作区的名字，在 Lacation 文本框中键入新工作区的路径，最后单击 OK 按钮。

建立空白工作区后，可在工作区新建文件、文件夹(项目)或插入已有文件。

用户可以通过文件、项目或工作区方式建立新的应用程序或打开已有的应用程序。

4) Other Documents(其它文档)选项卡

单击 Other Documents 标签，将打开一个 Other Documents 选项卡。利用该选项卡可以创建除前面三个选项卡指定类型之外的其它一些文档。例如，如果在计算机上安装了 Microsoft Office 软件，则利用该选项卡可以创建 Microsoft Word 文档、Microsoft Excel 文档、Microsoft PowerPoint 文档等。

2. Open(打开)命令

该命令用于在文件编辑区中打开一个已经存在的文件。在 Open 对话框中，选择(也可输入)盘符、文件夹、文件类型和文件名，单击 Open 按钮后，系统就会在文件编辑区中打开已存在的文件。使用该命令可以打开 C++ 的头文件、源程序文件及项目工作区中的文件等。

3. Save(保存)命令

单击 Save 命令，系统保存文件编辑区中的当前文件。若当前文件为新文件，则系统会提示用户输入路径和文件名。

4. Save As(另存为)命令

如果要把文件编辑区中已打开的文件以另一个文件名存放，用户可选择该命令，系统将打开 Save As 对话框，用户可指定新的路径和文件名另存作为备份。

5. Close(结束)命令

单击 Close 命令，系统将关闭在文件编辑区中打开的文件。若文件未保存，系统则会提示用户是否保存该文件。

6. Page Setup(页面设置)命令

该命令用来设置和格式化打印结果。用户可根据提示为需要打印的文件设置标题、脚注、上边距、下边距、左边距和右边距。

7. Print(打印)命令

该命令用来打印文件。用户根据对话框的提示，可为想要打印的文件设置打印范围，并可通过"设置"按钮设置纸张类型和纸张大小。

11.2.2　Edit(编辑)菜单

单击 Edit 菜单项弹出一个如图 11.7 所示的下拉菜单，该菜单包含了对文件进行编辑的各种命令。这些命令的功能大多与 Windows 操作系统下的文字编辑软件的编辑功能相似。

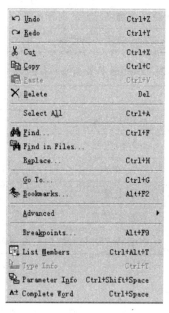

图 11.7　Edit 菜单

11.2.3　View(查看)菜单

该菜单中的命令可以创建和编辑应用程序中的类，以及对资源、窗口进行操作，其命令如表 11.1 所示。

表 11.1　View(查看)菜单中的命令选项

选　项	功　　能
ClassWizard	用于编写 MFC 应用程序的专用工具，可以创建新类，建立消息映射函数，为控件引入或删除成员变量等
Resource Symbols	浏览、添加和编辑资源文件中的资源符号，也可用于删除未使用的资源符号和直接定位到使用资源符号的位置
Resource Includes	修改资源符号文件名、预处理代码等。系统默认所有资源符号保存在文件 resource.h 中

续表

选　项	功　能
Full Screen	全屏方式显示主窗口,按 Esc 键可恢复窗口状态
Workspace	显示并激活项目工作区窗口
Output	激活输出区窗口。系统在输出区窗口中显示应用程序编译和连接过程中的有关信息
Debug Windows	在调试时,该命令被激活,并弹出下一级子菜单,用于观察程序执行状态的各个窗口,包括的命令如表 11.2 所示
Refresh	刷新当前选定对象的内容
Properties	打开当前对象的属性窗口,并允许查看编辑当前对象属性

表 11.2　Debug Windows 中的命令选项

选　项	功　能
Watch	查看表达式
Call Stack	查看函数调用状态
Memory	查看内存
Variables	查看变量
Registers	查看寄存器
Disassembly	查看程序语句对应的汇编指令

11.2.4　Insert(插入)菜单

Insert 菜单中的命令可用于在项目中添加类、表单、资源、文件和对象等,其具体功能如表 11.3 所示。

表 11.3　Insert 菜单中的命令选项

选　项	功　能
New Class	激活 New Class 对话框,创建新的类并添加到当前项目中
New Form	激活 New Form 对话框,创建新的表单并添加到当前项目中
Resource	激活 Insert Resource 对话框,创建新的资源或把资源插入到当前项目的资源文件中
Resource Copy	复制资源
File As Text	激活 Insert File 对话框,从中可以选择文件并插入到当前项目中
New ATL Object	激活 ALT Object Wizard 对话框,在该对话框中可以选择 ALT 对象并插入到当前项目中

11.2.5　Project（工程）菜单

使用 Project 菜单中的命令，可以对项目（即工程）和项目工作区进行各种操作，其命令和功能如表 11.4 所示。

表 11.4　Project 菜单中的命令选项

选　项	功　能
Set Active Project	选择指定项目为工作区的活动项目
Add To Project	使用该命令时将弹出一个子菜单，利用该菜单中的命令可以把文件、文件夹、数据连接或控件添加到当前项目中
Source Control	利用该命令的子菜单，可获取、显示当前项目的来源信息，或添加、删除源控制
Dependencies	激活 Project Dependencies 对话框，编辑工程的从属关系
Settings	激活 Project Settings 对话框，编辑工程的各种属性
Export Makefile	生成当前可编辑项目的文件（.mak）
Insert Project into Workspace	激活 Insert Project into Workspace 对话框，将已经存在的工程插入到当前工作区

11.2.6　Build（编译）菜单

单击 Build 菜单项将弹出一个如图 11.8 所示的下拉菜单，该菜单可对应用程序进行编译、连接、调试和执行等操作。

1. Compile（编译）命令

对当前项目中的所有 C++程序文件或资源进行编译，生成目标代码文件。

编译过程中若发现语法错误，系统会在输出区窗口中显示出错信息或警告信息。在输出区窗口的错误信息文本处双击鼠标左键；或者单击鼠标右键，然后在弹出的快捷菜单中单击 Go To Error/Tag 子菜单命令。此时，系统在文件编辑区用箭头指向有错误的程序代码行，以便程序员检查修改代码。

图 11.8　Build 菜单

2. Build（构件）命令

查看当前项目的所有C++程序文件或资源文件，并且将最近修改过的文件编译和连接成目标代码文件。在编译过程中若发现错误，系统在输出区窗口中显示出错信息或警告信息。

3. Build All（重建全部）命令

重新编译和连接当前项目的所有 C++程序文件或资源文件，而不管之前有没有对这些文件进行过修改、编译或连接。

4. Batch Build（批构件）命令

成批编译和连接一个或多个项目文件。

5. Clean（清洁）命令

清除当前项目中的中间文件和输出文件。

6. Start Debug（开始调试）命令

激活调试菜单，用户可以使用调试菜单跟踪程序的执行，并查看程序中变量的变化情况等。

7. Debugger Remote Connection（调试程序远程连接）命令

设置远程调试连接环境。

8. Execute（执行）命令

执行目标代码文件。

9. Set Active Configuration（放置可远行配置）命令

移动当前活动项目配置。

10. Configurations（简档）命令

显示、设定当前项目配置选项。

11.2.7 Tools（工具）菜单

该菜单包含 Visual C++ 6.0 的一些实用工具，其具体功能如表 11.5 所示。

表 11.5 Tools 菜单中的命令选项

选　项	功　能
Source Browser	激活 Browser 对话框，用户可指定当前工作区中的标示符，系统可显示这个标示符的性质和来源
Close Source Browser	关闭 Source Browser 文件
Register Control	将用户开发的 OLE 控件库中的控件添加到系统注册信息库中
Error Lookup	激活 Error Lookup 对话框，用户可以使用它查找错误信息编号、模式的对应解释
ActiveX Control Test Container	打开 ActiveX 控制测试器
OLE/COM Object Viewer	激活 OLE/COM Object Viewer 对话框，系统在该对话框中提供所有 OLE 和 ActiveX 对象的有关信息
Spy++	Spy++ 是一个 Win32 的实用程序，图形化地显示系统对象之间的相互关系
MFC Tracer	激活各种级别的调试信息，在执行和调试程序时，由 MFC 把调试消息发送到输出区窗口
Customize	激活 Customize 对话框，可以定制命令、工具栏、工具菜单等
Options	激活 Options 对话框，可以对各种环境设置进行修改

工具菜单的第三组命令(Macro、Record Quick Macro 和 Play Quick Macro)用于创建、编辑和运行宏。所谓宏，就是用 Visual Basic Scripting Edition 语言编写的程序。

11.2.8 Window(窗口)菜单

利用窗口菜单，可以新建、拆分、还原窗口，具体选项及功能如表 11.6 所示。

表 11.6 Window 菜单中的命令选项

选　项	功　能
New Windows	打开新窗口，使编辑区的文件内容在新窗口中显示。使用该命令可以把一个文件的内容在多个窗口中显示出来，便于编辑文件
Split	将当前文件编辑窗口拆分为多个窗口，拆分的窗口显示同一文档，便于用户同时查看同一文档的不同内容
Docking View	取消拆分操作
Close	关闭当前窗口
Close All	关闭所有打开的窗口
Next	窗口的翻页命令，翻至前一窗口
Previous	窗口的翻页命令，翻至下一窗口
Cascade	将打开的窗口重叠摆放
Tile Horizontally	将在文件编辑区所有已经打开的窗口横向平铺摆放
Tile Vertically	将在文件编辑区所有已经打开的窗口纵向平铺摆放

11.2.9 工具栏

Visual C++ 6.0 有十几种工具栏。工具栏提供了一种图形化的操作界面，具有直观、快捷的优点。工具栏的按钮相当于一些常用菜单命令的快捷方式。

一般情况下，系统只显示标准工具栏和编译工具栏，若要使用其它工具栏，可以用鼠标右键单击主窗口的工具栏，在弹出的关联菜单中选择所需项，如图 11.9 所示，则相应的工具栏图标会出现在 Visual C++ 6.0 主窗口的工具栏内。

1. Standard(标准)工具栏

Standard 工具栏如图 11.10 所示，它包含 15 个按钮，只要将鼠标指针指向这些按钮，稍微停留，命令的名称就会显示出来。按从左到右的顺序，这些按钮的名称和功能如表 11.7 所示。

图 11.9　选择工具栏

图 11.10　Standard 工具栏

表 11.7　Standard 工具栏的选项及功能

选　项	功　能
Next Text File	建立新的文本文件
Open	打开已经存在的文件
Save	保存文件
Save All	保存所有已经打开的文件
Cut	剪切选定的内容到剪贴板中
Copy	复制选定的内容到剪贴板中
Paste	在当前插入点插入剪贴板的内容
Undo	取消上一次的操作
Redo	恢复上一次的操作
Workspace	显示或隐藏工作区的窗口
Output	显示或隐藏输出区的窗口
Windows list	管理当前已经打开的窗口
Find in File	在多个文件中搜索指定字符串
Find	激活查找工具
Help System Search	搜索联机文档

2. Build（编译）工具栏

Build 工具栏如图 11.11 所示，它有 6 个按钮。按从左到右的顺序，这些按钮的名称和功能如表 11.8 所示。

图 11.11　Build 工具栏

表 11.8　Build 工具栏的选项及功能

选　项	功　能
Compile	编译 C++源程序文件
Build	连接 C++源程序文件
Build Stop	停止编译和连接
Build Execute	运行可执行的目标代码文件
Go	启动或继续程序的执行
Insert/Remove Breakpoint	插入或删除断点

11.2.10　项目和项目工作区

1. 项目的概念

文件是操作系统处理数据和代码的基本单位。一个 C++应用程序可由多个文件组成，例如，一个 C++应用程序是由源程序文件、头文件和资源文件等构成的。为了更好地管理这些文件，Visual C++ 6.0 引入了项目的概念，目的是用工程化的管理方法把一个应用程序中的所有文件组成一个有机的整体。一个项目是由相互关联的一组文件构成的。项目也称为工程。

项目中所有源文件以文件夹方式管理，将项目名作为文件夹的名字。文件夹中包含源程序代码文件(.cpp, .h)、项目文件(.dsp)、项目工作区文件(.dsw)以及项目工作区配置文件(.opt)，还有相应的 Debug(调试)或 Release(发行)、Res(资源)等子文件夹。

程序员通常只编写源程序代码文件，其它项目文件是使用系统提供的资源经过编译、连接而由系统自动生成的文件。一个最简单的用户程序可以只编写一个 .cpp 文件，但要运行这个程序，必须使用相关的系统资源。因此，经过编译、连接后，系统会以"散装"形式生成有关项目文件。

2. 项目工作区

Visual C++ 6.0 以工作区的形式来组织文件、项目和项目配置，即项目置于工作区的管理之下，因而工作区通常称为项目工作区。一个工作区可以包含各种文件及文件夹(项目)。Visual C++ 6.0 的 IDE 中，编辑窗口左边的项目工作区窗口以树状形式列出当前项目的所有信息，包括类结构、资源信息和文件结构等。通过项目工作区窗口可以方便地操作文件。

每个项目工作区都有一个项目工作区文件，它存放着项目工作区的定义及其有关信息。项目工作区文件的扩展名为 .dsw(Developer Studio Workspace 的缩写)，它存放在项目工作区目录中。这个目录实际上是项目工作区的根目录。

项目工作区窗口一般显示三个选项卡：Class View(类视图)选项卡、Resource View

（资源视图）选项卡和 File View（文件视图）选项卡。

1）Class View 选项卡

若已建立一个项目，则使用 Class View 选项卡，用户可在项目工作区窗口查看当前项目所包含的类，如图 11.12 所示，具体操作方法如下：

(1) 打开项目工作区，找到项目工作区文件，并且双击。

(2) 单击 Class View 选项卡，系统将显示 Class View 选项卡的顶层文件夹。

(3) 单击顶层文件夹前面的"＋"号，系统将展开当前各个类文件夹。

(4) 单击这些文件夹前面的"＋"号，系统将展开当前项目所有类的名字。

此时，单击类前面的"＋"号，可以查看类的各个成员。每个成员的左边有一个或多个图标，这些图标不仅可以表示该成员是成员变量还是成员函数，还可以表示该成员的访问性质。如果是保护成员或私有成员，则它的左边会有一个钥匙图标。

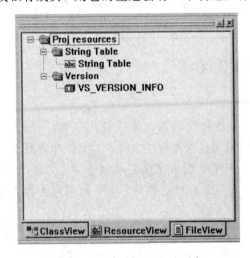

图 11.12　Class View 选项卡

在项目工作区窗口中双击某个类或成员的图标，系统会立即在文件编辑窗口中打开对应的代码文件，而光标出现在该标识符声明处。这种快速查找和定位的方法，大大方便了用户对源程序的编辑和修改。

2）Resource View 选项卡

使用 Resource View 选项卡，用户可在项目工作区窗口中查看当前项目包含的所有资源，如图 11.13 所示。

(1) 打开项目工作区，找到项目工作区文件，并且双击。

(2) 单击 Resource View 选项卡，系统将显示 Resource View 选项卡的顶层文件夹。

(3) 单击顶层文件夹前面的"＋"号，系统将展开 Dialog、Icon、Menu 等第二层资源文件夹。

(4) 单击第二层文件夹前面的"＋"号，系统将展开当前项目所有资源的名字。

3. File View 选项卡

利用 File View 选项卡，用户可在项目工作区窗口中查看当前项目所包含的所有文件。

(1) 打开项目工作区，找到项目工作区文件，并且双击。

(2) 单击 File View 选项卡，系统将显示 File View 选项卡的顶层文件夹。

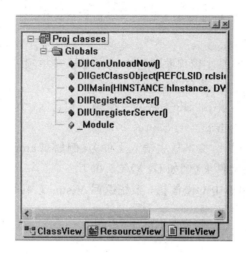

图 11.13　Resource View 选项卡

（3）单击顶层文件夹前面的"＋"号，系统将展开 Source Files、Header Files 和 Resource Files 等三个第二层文件夹，如图 11.14 所示。

（4）单击第二层文件夹前面的"＋"号，系统将展开当前项目所有文件的名字。

此时，双击某个文件图标，文件编辑区就显示该文件的内容，可以进行编辑和修改。

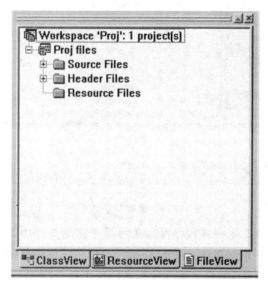

图 11.14　File View 选项卡

11.3　控制台应用程序的编辑、编译和运行

所谓控制台应用程序，实际上是指在 Windows 操作系统环境下运行的字符用户界面 DOS 程序。本教材中的 C 应用程序都是控制台应用程序。

11.3.1　C 单文件应用程序的开发步骤

在 Visual C++ 6.0 环境下开发 C 单文件应用程序的操作步骤如下：

1. 编辑文件

编辑新文件的方法如下：

(1) 从 Visual C++ 6.0 主窗口菜单栏中选择 File 菜单项。

(2) 选择下拉菜单的 New 菜单项。

(3) 在 New 对话框中，单击 File 标签，系统弹出包含 13 个选项的 File 选项卡。

(4) 在 File 选项卡中单击 C++ Source File 选项。

(5) 在 New 对话框的 File 文本框中输入文件名(例如 example)，在 Location 文本框中输入或选择存放新文件的文件夹(例如 D：\VC6.0)。

(6) 在 New 对话框中单击 OK 按钮，系统返回 Visual C++ 6.0 主窗口，并显示文件编辑区窗口。

(7) 在文件编辑区窗口中输入 C 源程序，如图 11.15 所示。

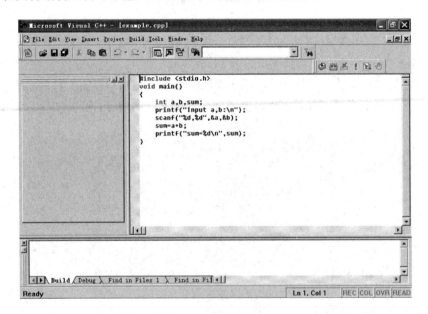

图 11.15　编辑 C 应用程序

如果程序经检查无误，则将源程序保存在前面指定的文件中，方法是：在主菜单中选择 File 菜单项，并在其下拉菜单中选择 Save 命令，也可以用快捷键 Ctrl－S 来保存。此时，源程序就以文件名 exmple.cpp 建立在相应的文件夹中。

编辑已存在文件的方法如下：

(1) 选择 Visual C++ 6.0 主窗口菜单栏中的 File 菜单项。

(2) 选择下拉菜单中的 Open 菜单项。

(3) 在 Open 对话框中选择文件(双击文件名或单击文件名后再单击 Open 按钮)，系统会在文件编辑区中打开该源程序文件。

(4) 在文件编辑区中编辑修改已经打开的文件。

(5) 单击主窗口工具栏的 Save 按钮，把编辑修改过的源程序文件重新保存。

在编辑修改源程序文件时，用户可以使用 Windows 各种编辑功能键进行操作，例如 Ins 键、Del 键和回退键等。

2. 编译和连接

在编辑和保存了源文件后，就可以对该文件进行编译和连接了。

（1）选择 Visual C++ 6.0 主窗口菜单栏中的 Build 菜单项。

（2）单击下拉菜单中的 Compile 菜单命令，屏幕出现询问是否创建默认项目工作区的对话框，如图 11.16 所示。

图 11.16　"询问是否创建默认项目工作区"对话框

（3）单击"是"按钮，屏幕接着显示"询问是否保存文件"对话框，如图 11.17 所示。

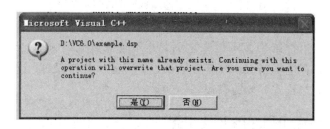

图 11.17　"询问是否保存文件"对话框

（4）单击"是"按钮，系统开始对源程序文件进行编译。

在进行编译时，编译系统检查源程序中是否有语法错误，然后在输出区窗口中显示错误信息。这些信息包括错误的性质、出现位置和产生错误的原因等。如果双击某条错误信息，文件编辑区窗口的右边会出现一个箭头，指向出现错误的程序行。此时，用户应根据错误的性质修改程序，修改后还需对源程序重新编译，至到没有错误信息为止。

单击 Build＞Build 菜单命令，系统对编译好的程序进行连接（如连接标准库函数等）。如果连接成功，系统自动生成一个扩展名为 .exe 的可执行目标代码文件。如果连接失败，则应查找各种使用文件的属性、路径是否正确。

编译和连接源程序文件有一种快捷的操作方法，即单击主窗口编译工具栏上的 Compile 和 Build 按钮，系统自动对源程序文件进行编译连接，并生成 .exe 文件。

3. 执行

在得到可执行文件（.exe 文件）后，就可以直接执行了。选择 Build 菜单中的 Excute 菜单命令，或者使用编译工具栏中带"!"号的 Build program 快捷键。启动程序后，系统显示如图 11.18 所示的 DOS 形式的输入数据和输出结果的程序运行窗口。如果程序要求用键盘输入数据，则系统会等待用户操作，然后显示程序的输出结果。

执行程序时出现的错误称为运行错误，例如负数开平方、溢出和内存不够等。如果出现运行错误，用户还要修改源程序文件并且重新编译、连接和执行。

程序成功执行并且输出结果后，Visual C++ 6.0 显示提示信息："Press any key to

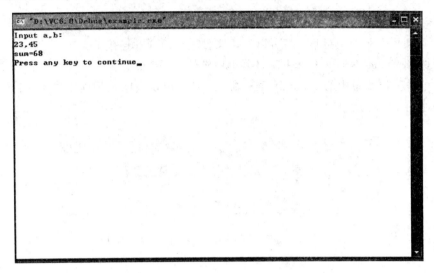

图 11.18　程序运行窗口

continue"。这时按键盘上任何一个键,系统将返回 Visual C++ 6.0 主窗口。

需要注意的是:执行结果显示出来之后,并不意味着它一定是所求解问题的正确答案。因为程序可能存在逻辑错误,如算法错误、使用运算符错误等。这种错误不能由编译器发现,必须通过人工检查并修改错误。

11.3.2　C 多文件应用程序的开发步骤

一个 C 程序也可由多个文件组成。在 Visual C++ 6.0 集成开发环境下建立多文件应用程序的操作步骤介绍如下。

1. 编辑项目文件

编辑新项目文件的步骤如下:

(1) 选择 Visual C++ 6.0 主窗口菜单栏中的 File 项。

(2) 单击下拉菜单中的 New 菜单命令。

(3) 在 New 对话框中单击 Project 标签。

(4) 在 project 选项卡中单击 Win32 Console Applicatuon 选项,这时系统在 New 对话框的目标平台框上显示 Win32。

(5) 在 New 对话框的 Project name 文本框中输入项目文件名,在 Location 文本框中输入或选择存放新项目的文件夹。

(6) 在 New 对话框中单击 OK 按钮,系统显示"Win32 Console Application – Step 1 of 1"对话框,如图 11.19 所示。

(7) 单击"An empty project"单选按钮和 Finish 按钮,系统显示 New Project Information 对话框。

(8) 单击 OK 按钮,系统返回主窗口。此时,项目工作区窗口如图 11.20 所示。

(9) 输入新项目中的文件。

① 单击 Visual C++ 6.0 主窗口菜单栏中的 File 菜单项,系统将弹出一个下拉菜单。

② 单击下拉菜单中的 New 菜单命令,屏幕出现 New 对话框。

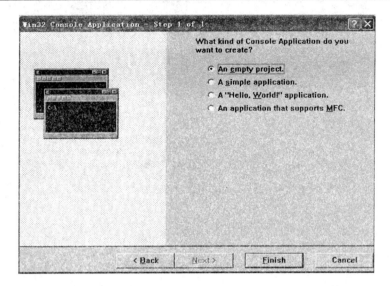

图 11.19　"Win32 Console Application – Step 1 of 1"对话框

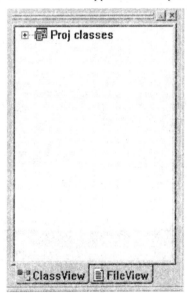

图 11.20　项目工作区窗口

③ 在 New 对话框中单击 File 标签，系统弹出 File 选项卡。

④ 单击 C++Source File 选项或 C/C++ Header File 选项。

⑤ 在 New 对话框的 File 文本框中输入文件名。

⑥ 单击 OK 按钮，系统返回 Visual C++ 6.0 主窗口，并显示文件编辑区窗口。

⑦ 在文件编辑区窗口中输入源程序文件或头文件。

重复上述步骤，直到所有文件输入完为止。

例如，我们编写一个 C 程序，它由两个源程序文件和一个头文件组成。输入以下头文件和源程序文件。

myhead. h 文件：

```
//myhead. h
```

```
    int min(int, int);
mymin. c 文件:
    //mymin. c
    int min(int x, int y)
    {
        int z;
        if(x>y) z=y;
        else z=x;
        return(z);
    }
mymain. c 文件:
    //mymain. c
    #include <stdio. h>
    #include "myhead. h"
    void main()
    {
        int a, b, c;
        scanf("%d, %d", &a, &b);
        c=min(a, b);
        printf("%min=%d\n", c);
    }
```

(10) 把已经输入的文件添加到项目文件中。

① 单击 Project>Add To Project>Files 菜单命令,屏幕上出现如图 11.21 所示的 "Insert Files into Project"窗口。

图 11.21 "Insert Files into Project"窗口

② 单击需要添加的文件后,单击 OK 按钮或双击需要添加的文件。

重复上述步骤,直到所有文件添加完为止。

此时,新项目文件建立完毕。用户可在项目工作区窗口使用 File View 选项卡查看当前项目所建立的所有文件。项目工作区窗口具有很强的操作性,用鼠标右键单击每个图标都会弹出一个关联菜单,可以十分方便地浏览、增加和删除文件。

编辑旧项目文件的步骤如下：

(1) 单击 Visual C++ 6.0 主窗口菜单栏中的 File 菜单项，系统弹出一个下拉菜单。

(2) 单击下拉菜单中的 Open Workspace 菜单命令，屏幕出现如图 11.22 所示的"Open Workspace"窗口。

图 11.22　"Open Workspace"窗口

(3) 在"Open Workspace"窗口中打开项目工作区文件(扩展名为 .dsw)。系统返回主窗口，打开项目工作区窗口和文件编辑区窗口。

(4) 在项目工作区窗口中，使用 File View 选项卡选中要编辑的文件并且双击，此时要编辑的文件在文件编辑区中显示出来。

(5) 在文件编辑区中编辑修改当前文件。

(6) 编辑修改完成后，单击主窗口菜单栏上的 File＞Save Workspace 菜单命令，把编辑修改过的文件重新保存。

我们还可以为项目添加已经存在的文件，也可以从项目中删除文件。

2. 编译和连接

(1) 单击 Visual C++ 6.0 主窗口菜单栏中的 Build 菜单项，系统弹出一个下拉菜单。

(2) 单击下拉菜单中的 Build 菜单命令，系统开始对程序文件进行编译和连接，并且生成可执行的目标代码文件。

用户也可使用主窗口的 Build 快捷键进行编译和连接。

11.4　程序的查错与调试

查错是编程过程中非常重要的一步。我们将查错分为两种情况：一种是编译和连接时的语法错误；另一种是程序运行时的错误，这种错误也称逻辑错误，其表现形式是程序的实际运行结果有误、死机或输出信息混乱等现象。

11.4.1　语法错误的查找

如果程序中有语法错误，编译时会检查出这些错误，并在屏幕上显示出相应的错误信息，提示程序员修改。程序中有错误是正常的，因为即使是熟练的程序员也很难一次就编写出完全没有错误的程序来。语法错误的修改并不困难，因为屏幕下方的信息窗口会显示出错误的类型、错误发生的位置及错误的原因。其中错误性质有两种：一种是 Error，表示这种错误严重，必须修改；另一种是 Warning，即警告错误，对于这类错误，如果不修改，程序也还是可以继续连接和运行的。但是程序员不应忽视这些警告错误，如果继续连接、运行程序，很可能会在运行阶段出错，而运行阶段的错误比编译错误更难于检查和修改。因此，建议不要忽视警告错误，应仔细检查程序，设法消除引起警告错误的原因。

错误发生的位置包括源程序的路径和文件名以及错误所在行的行号。错误内容项则给出错误发生的原因。

必须说明的是，编译程序虽然能够查出错误，但对错误的说明可能并不十分准确，而且一个实际错误往往会引起若干条错误说明，使人不容易了解到底错在什么地方。错误的原因可能很简单，例如少了一个括号、分号，或许只是写错了一个关键字，可系统却给出了一连串相关的错误提示。

如果系统提示的出错信息多，应当从上到下逐一改正。先改正易改的错误，修改一两个错误之后再编译，有时一连串的错误信息可能就会随之消失。

编译程序查出程序中的错误后，双击信息窗口中的出错信息提示行，光标就会自动停留在编辑窗口中源程序的出错行位置，以便用户检查修改。

下面通过一个简单的例子，说明如何利用系统给出报错信息，来修改源程序中的错误。

例 11.1 假设我们已输入一个有错误的程序，编译该程序，并改正其中的错误。

```
#include <stdio.h>
void main()
{
    int a, b;
    a=8;
    b=9
    sum=a+b;
    print("a=%d b=%d sum=%d\n", a, b, sum);
}
```

对源程序进行编译后，屏幕下方的信息窗口显示了具体的出错信息。信息窗口中的第1行显示编译的文件名。第2行是出错信息提示，告诉用户源程序中的第7行出现错误，原因是 syntax error: missing ';' before indentifier 'sum' Statement（语法错误：标识符 sum 前漏分号）。双击该行，该行会被颜色条覆盖，光标则会自动停留在编辑窗口中的第7行，右边有一个蓝色的箭头指示，如图 11.23 所示。

经检查发现，虽然错误信息的提示是在程序的第7行，但实际是第6行的行尾漏了一个分号。出现这种情况的原因，是因为编译系统在检查第6行时，发现语句末尾没有分号，但这时还不能判定该语句有错，因为 C 语言允许把一个语句分写在两行上。因此，编译系统接着检查第7行，当发现第7行的开头没有分号时才判定出错，但此时的位置已经是第7行了，所以报错的行数为第7行。因此在对源程序查错修改时，不能只简单地从系统显示的出错行数去找，应连同上下行一起检查。

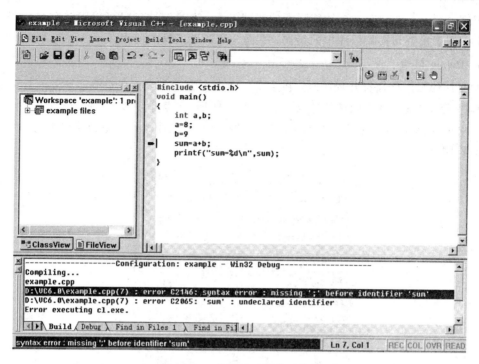

图 11.23　编译显示的错误信息

我们修改源程序，在第 6 行尾添加分号。

接下来分析第二个错误。第二个出错信息行告诉我们，源程序第 7 行有错，错误的原因是：'sum'：undeclared indentifier（符号 sum 未声明）。双击第二个出错信息行后，该行同样以颜色条覆盖，光标停留在第 7 行。经检查发现变量 sum 未定义，我们将程序的第 4 行改为：

　　　　int a，b，sum；

做了以上修改后，再对程序重新编译，屏幕将显示编译成功信息。

程序出错的类型是多种多样的，只有认真学习 C 语言的语法，多编程，多实践，才能熟练地查找程序中的错误。

11.4.2　运行错误的查找与调试

即便程序通过了编译、连接，也能正常运行，但执行结果可能会与预期不符。这类在运行中产生的错误称为运行错误，也称逻辑错误。这是由于程序员设计的算法有错或在编写程序时出现疏忽所致，使得程序执行的指令代码与题意不同，即出现了逻辑上的错误。对于运行错误，需要程序员认真检查程序，分析运行结果。如果是算法有错，则应先修改算法，再改程序；如果算法正确但程序编写有误，则可以修改程序。

逻辑错误比语法错误更难检查，语法错误由编译程序检查，尽管有时它们报告出的出错信息和错误与实际原因之间有一些差距，但总还可以作为检查时的一种参考。而运行错误就不同了，它们很少或根本没有提示信息，只能靠程序员的经验来判断错误的原因和位置。但是仅凭经验来检查错误往往难以奏效，因此大多数程序员都会借助调试工具来查找运行错误。

Visual C++ 6.0有一个功能强大的调试工具，通过调试工具可以跟踪监视代码的执行过程，便于检查与排除程序中的错误。下面介绍调试工具的使用。

1. Debug 菜单

当文件编辑区已经打开程序时，在主窗口中单击 Build>Start Debug>Step Into 即可进入程序调试状态。进入调试状态后，菜单栏上的 Build 菜单项变成 Debug 菜单项，单击 Degug 菜单项弹出 Debug 下拉菜单，如图11.24所示，使用 Debug 下拉菜单中的命令选项可以对程序进行调试。

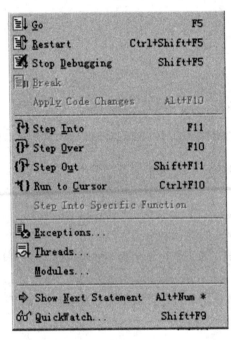

图 11.24　Debug 下拉菜单

Debug 下拉菜单有4组命令，下面简要介绍它们的主要功能。

第一组命令用于启动或停止调试：

Go	开始程序的执行或继续被中断(或暂停)程序的执行
Restart	启动程序的执行，并使系统处于调试状态
Stop Debugging	停止调试执行程序
Break	中断程序的调试执行
Apply Code Changes	接受程序代码的修改

第二组命令用于设置跟踪状态：

Step Into	单步执行程序，即逐个语句执行；当调用函数时，进入该函数体内逐个语句执行
Step Over	单步执行程序，把函数调用作为一步，即不进入函数体内跟踪
Step Out	从被调函数内跳出，继续执行调用语句的下一个语句
Run to Cursor	执行程序到当前光标处
Step Into Specific Function	进入指定函数

第三组命令提供一些高级调试工具：

Exceptions	意外事件处理
Threads	多线程处理
Modules	当前程序使用的模块信息（名字、地址、路径）列表

第四组命令用于观察当前程序执行在内存的状态：

Show Next Statement　　　　显示相关状态（该命令与"View"菜单的"Debug Windows"命令相同，用于打开各调试窗口。但它没有下拉菜单，通过快捷键 Alt - Num 打开各观察窗口。其中 Num 为 0 及 2～8 的整数）

QuickWatch　　　　　　　　添加观察变量或表达式

2. 调试工具栏

调试工具栏提供调试菜单主要命令的快捷方式。打开调试工具栏的方法是：用鼠标右键单击主窗口的工具栏，从弹出的关联菜单中选择 Debug 菜单项。这时调试工具栏立即出现在工具栏区内，如图 11.25 所示。

图 11.25　调试工具栏

调试工具栏包含 16 个按钮，只要把鼠标指针指向这些按钮，并且稍微停留，就可以显示命令的名称。此时，用户可以使用该工具栏上的按钮进行程序调试。

3. 常用调试方法

通过调试工具，可以控制程序的运行过程，例如可在任意点上终止程序运行，或一次运行一条语句，以便观察程序中数据的变化，查出错误所在，这个过程也称程序的动态调试。下面介绍一些常用的调试方法。

1）在观察窗口中加入表达式

为了了解程序中一些变量或表达式在运行中的变化情况，可将这些变量或表达式加入观察窗口。方法是：选择 View>Watch 命令或直接用快捷键 Alt - 3 打开 Watch 窗口，输入变量或表达式。

2）单步执行（Debug>Step Into 或 F11，Trace into Debug>Step Over 或 F10）

在程序中可能有错误的地方，仔细检查，可以让程序逐条语句执行，称为单步执行（或步进执行）。使用 Debug>Step Into 或 F11 和 Trace into Debug>Step over 或 F10 可使程序步进执行，它们的区别是，在单步执行程序时，Step Into 可跟踪进入被调用函数，而 Step over 则不会进入被调用函数。也可以直接使用 Debug 工具栏中的 Step Into 和 Step Over 按钮。

在单步执行程序时，有一个黄色箭头会指向被执行的语句行。如果在观察窗口中加入了表达式，那么这些表达式会随着程序的执行实时地变化，仔细观察这些变化，以查找程序中可能出现的错误。初学者应重点学习这种调试方法。

3)设置断点

设置断点的目的是让程序分段运行。断点设置后,程序运行到断点行即暂停执行,程序员可进行相应的查错工作。

将光标停留在欲暂停的语句行,使用 Build 工具栏中的 Insert/Remove Breakpoint 按钮即可设置断点,设置断点后,断点行的左边有一个棕红色的圆点标识。断点可根据程序的流程来设置,程序员可根据需要设置多个断点,使程序员能够了解程序的执行过程,判断出错的原因和位置。当程序运行到某一断点尚未发现错误时,则可用 Debug>Go 命令或 F5 键使程序继续运行,直到程序结束或遇到下一断点。

将光标置于断点行,再次使用 Build 工具栏中的 Insert/Remove Breakpoint 按钮,即可清除该语句行的断点。

4)执行到当前光标行(Debug>Run to cursor 或 Ctrl - F10)

如果认为程序中的某一部分没有错误,希望运行下面的某行,则可将光标移到该行,然后选择 Debug>Run to cursor 命令,或者直接按 Ctrl - F10 键,那么程序会运行到光标所在行时暂停。也可直接使用 Debug 工具栏的按钮。

如果在查错调试进行的过程中想放弃调试而重新开始,则可选择 Run>Program reset 命令,或直接按 Ctrl - F2 键。在重新调试时,原来设置的断点和观察对象等继续有效。

5)使用调试窗口

在程序的调试过程中,使用各种调试窗口以观察程序的执行状态。使用 View>Debug Windows 命令,可以打开各种窗口,利用这些窗口,可以观察程序执行过程中的变量、表达式、内存的变化及函数的调用顺序,使程序员能明确程序的实际运行情况。

Visual C++ 6.0 的调试功能非常强大,在调试程序时可以灵活选用和组合上述功能。例如,在调试较大的程序时,可以使用"执行到当前光标行"功能或先设置断点,再运行程序,这样可以快速跳过程序中比较简单或者已经调试正确的部分。而在比较复杂易出错的部分,可将一些关键变量和表达式加入观察窗口,步进执行程序,仔细检查程序的运行与预设结果是否吻合,若有误,则可确定出错在哪一部分。

对于复杂的大程序,一次通过的可能性很小,因此需要细致的调试工作,程序跟踪就是一个很重要的调试手段。在调试时,让程序一条语句一条语句地执行,通过观察和分析执行过程中变量和程序执行流程的变化来查找错误。

在调试过程中,程序员还应掌握一些基本的程序调试手段。例如:

(1)简化程序。通过对程序进行某种简化来加快调试速度,例如减少循环次数、缩小数组规模、用注释符/＊＊/屏蔽某些次要程序段(如一些用于显示提示信息的子程序)等。但在进行简化时,一定要注意这种简化不能太过分,以致于无法代表源程序的真实情况。

(2)分支检查。对于由 if 语句、switch 语句等组成的分支结构,应设计各种不同的数据,使其中的每一条路径都能通过检查。

(3)边界检查。在调试循环语句时,要重点检查边界和特殊情况,数组越界问题也应考虑。

(4)测试数据检验。在运行调试时,应用若干组已知结果的测试数据对程序进行检验。测试数据的选择非常重要,一是要有代表性,接近实际数据;二是比较简洁,容易对其结果的正确性进行分析。另外，对重要的临界数据也必须进行检验。

（5）增加输出语句。在程序的关键处增加一些打印语句，输出关键的变量内容或表达式的值。这虽是老式方法，但有时非常必要。

需要强调指出的是，调试是程序设计中一个不可缺少的环节，是程序员能力强弱的主要标志。不会调试，对程序中的错误就无能为力，因为仅凭眼睛观察，对错误的查找往往是不能奏效的。当然，调试的技能、技巧也是在程序设计过程中逐步积累和提高的，调试的程序越多，经验也就越多，查错的速度也就越快。总之，应熟练掌握这些基本的调试方法和手段，只有这样，才能顺利地完成程序设计的最后一关——程序的实现。初学者必须多上机实践，并善于思考和总结，这对今后的学习和工作大有裨益。

11.4.3　调试实例

下面我们通过实例来说明在 Visual C++ 6.0 平台上 C 程序的调试方法。

例 11.2　统计 1 至 n（n 为整数）之间的 3 的倍数和 2 的倍数的个数。n 的值从键盘输入。

在编辑窗口输入的源程序如下：

```
#include <stdio.h>
void main()
{
    int i, n, count1=0, count2=0;
    printf("Input n:");
    scanf("%d", &n);
    for(i=1; i<n; i++)
        if(i%3==0)
            count1++;
        if(i%2==0)
            count2++;
    printf("\n3 的倍数有%d 个，2 的倍数有%d 个\n", count1, count2);
}
```

对源程序进行编译、连接后，运行结果为：

```
Input n:9↙
3 的倍数有 3 个，2 的倍数有 2 个
```

显然，2 的倍数的个数值不正确。我们进入调试状态，跟踪程序的运行过程，并将变量 count1 和 count2 添加到屏幕下方右边的观察窗口，方便观察其在程序运行过程中的变化。按 F10 键使程序单步运行，如图 11.26 所示。当执行到语句 scanf("%d", &n);时，程序暂停等待从键盘读数，现从键盘读入 9。随着程序的执行，我们发现当 i 的值在 1 至 9 范围内变化时，if(i%2==0) count2++;这条语句都不执行，只有当 i 为 10 而退出循环时，count2 的值才变化，这说明语句 if(i%2==0) count2++;并未在循环体中。我们再检查 for 循环部分，发现由于少了{ }，而使 if(i%2==0) count2++;语句未能在每次循环时都执行。

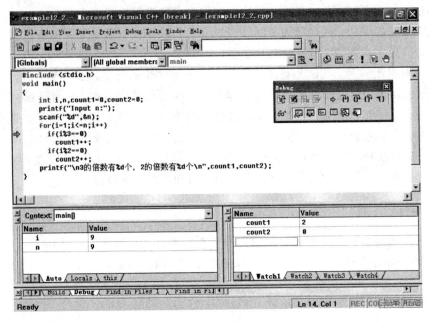

图 11.26　跟踪程序的执行过程

现将循环语句改为：

```
for(i=1; i<n; i++)
{
    if(i%3==0)
        count1++;
    if(i%2==0)
        count2++;
}
```

再次编译、连接并运行程序，结果为：

　　Input n:9 ↙

　　3 的倍数有 3 个，2 的倍数有 4 个

该结果正确，至此程序调试结束。

例 11.3　单步运行 Step Into(F11) 和 Step Over(F10) 的区别。

假设编辑窗口的源程序如下：

```
#include <stdio.h>
int min(int, int);
void main()
{
    int a, b, c;
    scanf("%d, %d", &a, &b);
    c=min(a, b);
    printf("%min=%d\n", c);
}
```

```
int min(int x, int y)
{
    int z ;
    if(x>y) z=y ;
    else z=x;
    return(z);
}
```

　　该示例程序只是一个简单的调用子函数的程序。当进入调试状态后，我们用 F11 和 F10 键运行程序，可以看出它们的区别。用 F11 键运行程序时，无论是在 main 函数中还是在 min 函数中，都是单步执行的。而用 F10 键运行时，则不进入 min 函数，只在现行函数（main 函数）中运行。

　　例 11.4　从键盘输入两个字符串，将第二个字符串连接在第一个字符串之后，并输出连接后的新字符串。

　　输入至编辑窗口的源程序如下：

```
#include <stdlib. h>
#include <string. h>
void main()
{
    int i=0, j=0;
    char str1[40], str2[40];
    printf("输入字符串 1:");
    gets(str1);
    printf("输入字符串 2:");
    gets(str2);
    if(str2[0]=='\0')                  /* 如果 str2 是空串，则退出 */
    {
        printf("字符串 2 是空串\n");
        exit(0);
    }
    for(i=0; str1[i]! ='\0'; i++);     /* 查找 str1 的串结束标记 */
    for(j=0; str2[j]! ='\0'; j++);     /* 将 str2 连接在 str1 之后 */
        str1[i++]=str2[j];
    printf("连接后的字符串为:%s\n", str1);
}
```

　　对源程序进行编译、连接后，运行结果如下：

```
输入字符串 1：Beijing ↙
输入字符串 2：Shanghai ↙
连接后的字符串为：Beijing
```

从结果看出，两个字符串并未连接，输出的仍是第一个字符串的内容。进入调试状态，将变量 str1 和 str2 加到观察窗口，并跟踪程序的运行。由于错误出在连接结果上，因此可以初步推断错误应在程序的后半部分。为了加快调试速度，我们可以对语句 for(i=0；str1[i]!='\0'；i++)；设置断点，使用 Debug＞Go 命令执行程序，当执行到断点时程序暂停，如图 11.27 所示。

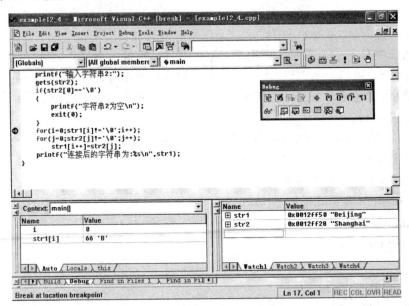

图 11.27　对程序设置断点

程序运行到此，并未出现异常。由于紧接着是循环语句，我们可以单步运行，但循环次数较多，若认为该循环也不会有错，则可将断点设置到下一语句，使程序连续运行该循环语句。也可将光标置于下一语句，使用 Debug＞Run to cursor 命令，让程序连续运行到光标所在行。我们使用第二种方法。当程序暂停执行后，我们发现观察窗口中的变量 i=7，这个结果是正确的，说明程序已正确查找到 str1 的结束标记。

接下来我们单步运行程序，但这时问题出现了。语句 str1[i++]=str2[j]；并未在循环中执行，执行该语句时 j 的值为 8，说明在循环结束后才被执行，这显然与我们最初的设计思路不符。仔细检查程序后，发现因疏忽，在第二个 for 循环后多了个分号，导致该循环的循环体为空。

我们删去多余的分号，再次编译、运行程序，结果如下：

输入字符串 1：Beijing ↙

输入字符串 2：Shanghai ↙

连接后的字符串为：BeijingShanghai 烫烫烫烫烫烫烫烫烫烫烫烫

现在的连接结果是正确的，但在串尾多了一些字符。我们检查观察窗口中变量 str1 的内容，发现 str1[14]='a'，str1[15]=-52，如图 11.28 所示。若结果正确，str1[15]应存放新串的串结束标记。

检查程序，发现两个字符串连接后，并未对串尾做任何处理，我们在 str1[i++]=str2[j]；语句后增加一条语句：str1[i]='\0'；即在连接后的新串的串尾增加串结束标记

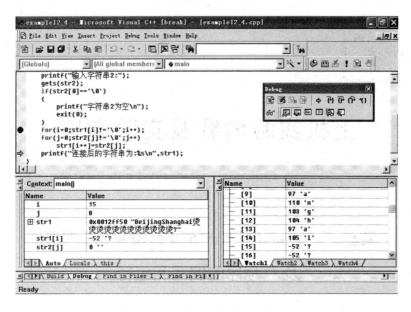

图 11.28　观察窗口变量 str1 的内容

'\0'。再次运行程序后，结果如下：

输入字符串 1：Beijing ✓

输入字符串 2：Shanghai ✓

连接后的字符串为：BeijingShanghai

现在结果完全正确。通过这个实例我们看到，将各种调试手段结合使用，可方便调试，提高调试的效率。

还需强调的是，若程序中涉及字符串时，一定要注意串结束标记的正确使用，这也是初学者容易出错的地方。

11.5　Visual C++ 6.0 帮助系统的使用

与其它的 Windows 应用程序一样，Visual C++ 6.0 也有一个功能强大的帮助系统，称为 MSDN(Microsoft Developer Network)Library。安装了 MSDN 库后，它就可以为包括 Vistaul C++在内的整套 Visual Studio 开发工具提供在线帮助。MSDN 为开发人员提供所需的信息、文档、示例代码、技术资料等，是学习 C++和应用程序的有力助手。

用户可以使用帮助命令寻求系统帮助，其步骤为：

(1) 单击"Help"菜单的"Contents"菜单命令，屏幕上显示"MSDN Library Visual Studio 6.0"帮助窗口。

(2) 单击"MSDN Library Visual Studio 6.0"目录前的"+"号，展开"MSDN Library Visual Studio 6.0"目录。

(3) 单击"C++ Documentation"目录前的"+"号，展开"C++ Documentation"目录。

此时，用户可以继续展开和查看需要帮助的有关内容。

除了 Help 命令，用户还可通过搜索(Search)命令和索引(Index)命令寻求系统帮助。

第 12 章

上机实验内容及实验指导

实验一 Visual C++ 6.0 开发平台的使用
及 C 程序的编写和运行

实验目的

(1) 熟悉 Visual C++ 6.0 的开发环境。

(2) 通过编写和运行简单的 C 程序，熟悉 C 程序的编辑、编译、连接和运行的过程。

(3) 初步掌握菜单栏、工具栏、项目工作区、文件编辑区、输出区和状态栏的使用。

实验内容

使用 Visual C++ 6.0 开发环境运行以下两个 C 程序：

1. 源程序一

```
#include <math.h>
#include <stdio.h>
void main()
{
    double a, b, c, s, area;
    a=3.0; b=4.0; c=5.0                      /* 三角形的三条边 */
    s=(a+b+c)/2;
        area=sqrt(s*(s-a)*(s-b)*(s-c));      /* 求三角形的面积 */
        printf("area=%f\n", area);
}
```

2. 源程序二

```
#include <stdio.h>
int max(int x, int y)
{
    if(x>y)
        return(x);
    else
```

```
        return(y);
    }
    void main()
    {
        int a, b, c;
        printf("Input a, b: ");
        scanf("%d %d", &a, &b);
        c=max(a, b);
        printf("maxnum=%d\n", c);
    }
```

实验指导

上机基本操作步骤如下：

1. 启动 Visual C++ 6.0 开发环境

(1) 单击"开始"按钮，选择"程序：Microsoft Visual Studio 6.0"菜单项，单击 "Microsoft Visual C++ 6.0"，屏幕出现标题为"当时的提示"的窗口。

(2) 单击"结束"按钮，关闭窗口，进入 Visual C++ 6.0 开发环境的主窗口。

2. 编辑源程序文件

(1) 单击 Visual C++ 6.0 主窗口菜单栏中的"文件"菜单项。

(2) 单击"文件"下拉菜单中的"新建"菜单命令，屏幕出现"新建"对话框。

(3) 在"新建"对话框中，单击"文件"标签，系统弹出"文件"选项卡。

(4) 在"文件"选项卡中单击 C++ Source File 选项。

(5) 在"目录"文本框中输入或选择存放程序的文件夹，在"新建"对话框的"文件"文本框中输入文件名。

(6) 在"新建"对话框中单击"确定"按钮，系统返回 Visual C++ 6.0 主窗口，并打开文件编辑窗口。

(7) 在文件编辑区窗口输入源程序一。

在输入 C 程序的过程中，用户可以使用一些编辑功能键对源程序文件进行编辑修改，如 Ins 键、Del 键和回退键等。

3. 编译和连接程序

(1) 单击 Visual C++ 6.0 主窗口菜单栏中的"编译"菜单项，系统弹出下拉菜单。

(2) 单击下拉菜单中的"编译"菜单命令，屏幕出现"询问是否创建默认项目工作区"对话框。

(3) 单击"是"按钮，屏幕出现"询问是否保存文件"对话框。

(4) 单击"是"按钮，系统开始对源程序文件进行编译。若有语法错误，系统在输出区窗口中显示错误信息。双击各条错误信息，文件编辑器窗口的左边出现一个箭头，指向出现错误的程序行。此时可根据错误信息修改程序，然后重新编译程序，直到没有错误为止。

(5) 单击"编译：构件"菜单命令，对编译好的源程序文件进行连接。若发现连接错误，根据错误信息进行修改，并且重新编译、连接，直到成功为止。

4. 运行程序

(1) 单击主窗口菜单栏中的"编译"菜单项。

(2) 单击下拉菜单中的"执行"菜单命令,系统开始执行目标代码文件。程序执行到键盘输入语句时,系统会显示"输入数据和输出结果"窗口,等待用户输入数据,例如,源程序二中要求输入两个整型数据。输入数据后,程序将继续执行,输出两个数中较大的一个。

如果运行出现错误,应分析错误原因,例如,是输入数据错误还是代码错误。若需要修改源程序,还需重新编译、连接和执行。

(3) 程序运行结束后,按任意键,系统返回 Visual C++ 6.0 的集成开发环境窗口。

5. 关闭工作区,退出 Visual C++ 6.0 开发环境

单击"文件:关闭工作区"菜单命令,关闭系统工作区空间。

实验二　　C 语言的基本数据类型及运算

实验目的

(1) 掌握 C 语言数据类型的概念。

(2) 掌握变量的定义及赋值的方法。

(3) 初步掌握各种运算符的功能、优先级和结合性。

(4) 掌握表达式的构成、表达式中运算符的优先顺序和表达式的求值。

(5) 进一步熟悉 Visual C++ 6.0 的开发环境。

实验内容

(1) 有下列数据,请送入到对应的变量 a～f 中: 'c',12345,7654321,1.23e18,3.21e81,123L。

源程序:

```
#include <stdio.h>
void main()
{
    char a='c';
    int b=12345;
    long int c=7654321;
    float d=1.23e+3;
    double e=3.21e+81;
    long int f=123L;
    printf("a=%c, b=%d, c=%ld, d=%e, e=%le, f=%ld\n", a, b, c, d, e, f);
}
```

(2) 阅读下列程序,分析应输出的结果,并上机验证:

```
#include <stdio.h>
void main()
{
```

```
        int i, j, m, n;
        i=8; j=10;
        m=++i+j++;
        n=(++i)+(++j)+m;
        printf("i=%d, j=%d, m=%d, n=%d\n", i, j, m, n);
    }
```

(3) 假设有变量说明：

```
    char c1='a', c2='B', c3='c';
    int i1=10, i2=20, i3=30;
    double d1=0.1, d2=0.2, d3=0.3;
```

先写出下列表达式的值，然后上机验证：

① c1+i2*i3/i2%i1;　　　　　　② i1++i2%i3;

③ c1>i1? i1: c2;　　　　　　　④ ! i1 && i2--

(4) 编写程序，将"China"译成密码，密码规律是：用原来的字母后面第 4 个字母代替原来的字母。例如，用字母"E"代替字母"A"，因此"China"应译为"Glmre"。用赋初值的方法使变量 c1、c2、c3、c4、c5 的值分别为"C"、"h"、"i"、"n"、"a"，经过运算，使 c1、c2、c3、c4、c5 分别变为"G"、"l"、"m"、"r"、"e"，并输出。

实验指导

(1) 在完成第(1)题时，注意各数据的类型，对应的变量应与数据类型一致。

(2) 在做本实验第(3)题时，可以使用下面的程序框架上机验证：

```
    #include <stdio.h>
    void main()
    {
        char c1='a', c2='B', c3='c';
        int i1=10, i2=20, i3=30;
        double d1=0.1, d2=0.2, d3=0.3;
        数据类型说明符 x;           /*填上表达式相应的数据类型说明符*/
        x=(表达式);                /*填上表达式*/
        printf("x=%格式控制符\n", x);/*填上相应的数据输出格式控制符*/
    }
```

实验三　顺序结构程序的设计

实验目的

(1) 掌握数据的输入、输出方法。

(2) 掌握顺序结构程序的概念。

(3) 掌握转义字符和常用格式控制符的使用。

(4) 掌握赋值语句和复合语句的使用。

(5) 掌握打开旧程序文件和编辑修改程序的方法。

实验内容

(1) 阅读并执行下面的程序，按格式要求从键盘输入数据，使变量 a 为 12，变量 b 为 −34，变量 c 为′A′：

```
#include <stdio.h>
void main()
{
    int a, b; char c;
    printf("Input a, b and c: ");
    scanf("%d, %d%c", &a, &b, &c);
    printf("c=%c, a=%d, b=%d\n", c, a, b);
}
```

(2) 输入球的半径，求球的表面积和球的体积，要求输出结果的宽度为 10，并取小数点后两位。

(3) 输入一个五位正整数，求出该整数的各位数字。

(4) 计算定期存款本利之和。设银行定期存款的年利率 rate 为 2.25%，并已知存款期为 n 年，存款本金为 capital 元，试编程计算 n 年后的本利之和 deposit。要求定期存款的年利率 rate、存款期 n 和存款本金 capital 均由键盘输入。

实验指导

(1) 由几何知识可知，设球的半径为 r，则求球的表面积 s 和体积 v 的公式分别为

$$s = 4\pi r^2$$

和

$$v = \frac{4\pi r^3}{3}$$

(2) 计算存款本利之和：captial * pow(1+rate, n)，其中 pow 为幂函数。

(3) 打开旧程序文件编辑修改的操作步骤为：

① 单击 Visual C++ 6.0 主窗口菜单栏中的"文件"菜单项，系统弹出下拉菜单。

② 单击下拉菜单中的"打开"菜单项，屏幕出现"打开"对话框。

③ 在"打开"对话框中选择需要编辑文件的盘符和文件夹，找到该文件后双击文件名（或单击文件名后再单击"打开"按钮），系统在文件编辑区中打开该 C 程序文件。

④ 编辑修改已打开的文件。

⑤ 单击主窗口工具栏上的"保存"按钮，把编辑修改过的源程序文件重新保存。

实验四　选择结构程序的设计

实验目的

(1) 掌握选择结构程序的设计。

(2) 掌握 if 语句的执行过程和使用方法。

(3) 掌握 switch 语句的执行过程和使用方法。

实验内容

（1）某公司按购买商品的款项数目 x 给予不同优惠折扣 y，给出计算优惠折扣 y 的公式如下：

$$y = \begin{cases} 0 & x < 250 \\ 3\% & 250 \leqslant x < 500 \\ 5\% & 500 \leqslant x < 1000 \\ 8\% & 1000 \leqslant x < 2000 \\ 10\% & x \geqslant 2000 \end{cases}$$

编写程序：从键盘输入 x 的值，求应付款项 s。要求分别使用 if 语句和 switch 语句编程，并在上机调试程序时输入各种情况的数据，测试程序是否正确。

（2）输入四个整数，要求按大小顺序输出。

（3）给一个不多于 5 位的正整数，要求：

① 求出它是几位数；

② 分别打印出每一位数字；

③ 按逆序打印出各位数字，例如原数为 123，应输出 321。

（4）输入圆的半径 R 和运算标志，按照运算标志进行指定计算。给定的运算标志及其表示的运算如下：

C——计算周长

A——计算面积

B——周长和面积都计算

要求使用 switch 语句编程，并且输入各种情况的数据，测试程序的正确性。

实验指导

使用 switch 语句编写程序时，选择表达式的设置很重要。对实验内容第（1）题，从计算优惠折扣 y 的公式可以看出，折扣的"变化点"250、500、1000 和 2000 都是 250 的倍数。设 c 为整型变量且 $c = x/250$，则当 $c = 0$ 时，表示 $x < 250$，$y = 0$；当 $c = 1$ 时，表示 $250 \leqslant x < 500$，$y = 0.03$；当 $c = 2、3$ 时，表示 $500 \leqslant x < 1000$，$y = 0.05$；当 $c = 4、5、6、7$ 时，表示 $1000 \leqslant x < 2000$，$y = 0.08$；当 $c > 8$ 时，表示 $x \geqslant 2000$，$y = 0.1$。因此，选择表达式可设置为 c，即可以用以下语句来确定 y 的值。

```
c＝x/250;
switch(c)
{
    case 0：y＝0; break;
    case 1：y＝0.03; break;
    case 2：
    case 3：y＝0.05; break;
    case 4：
    case 5：
    case 6：
    case 7：y＝0.08; break;
```

```
        default：y＝0.1；
    }
```

注意：用 if 语句编写程序时要正确写出判断表达式。

实验五 循环结构程序的设计

实验目的

（1）掌握循环结构程序的概念。

（2）掌握 while 语句、do‐while 语句和 for 语句的执行过程并熟练使用。

（3）掌握多重循环的概念、执行过程并熟练使用。

（4）掌握 break 语句、continue 语句的使用。

（5）初步学会设置断点调试程序的方法，及使用"单步执行"方式跟踪程序的执行过程。

实验内容

（1）假设 t＝1×2×…×n，编程求 t＞10 000 时的最小 n 值。要求使用 while 语句实现循环。

（2）编程找出 100～1000 之间、其各位数之和等于 5 的整数。要求使用二重循环编程。

（3）解百鸡问题。这是我国古代一道有名的难题："鸡翁一，值钱五；鸡母一，值钱三；鸡雏三，值钱一。百钱买百鸡，问鸡翁、母、雏各几何"？编程实现。

（4）从键盘输入一行字符，分别统计其中的英文字母、空格、数字和其它字符的个数。

（5）使用 rand( )函数产生一个在 10～100 之间的随机整数，要求用户猜这个整数。输入一个猜想的整数，判断是否与所产生的随机数相等，由屏幕显示判断结果"Right!"或"Wrong!"。如果猜得不对，重新猜这个数，直到猜出这个数为止。要求使用 do‐while 语句编程实现循环。

（6）假设有一 C 程序 test.c，内容为：

```c
#include <stdio.h>
void main()
{
    int n, i;
    float s, t=1;
    scanf("%d", &n);
    for(i=1; i<=n; n++)
    {
        t=t * n;
        s=s+t;
    }
    printf("1! +2! +…+n! ＝%e\n", s);
}
```

　　该程序的功能是求 1！＋2！＋ … ＋n！ 的值。利用该程序，使用 Visual C++ 6.0 的 Debug 调试功能设置断点，并且以单步执行方式跟踪程序执行的过程，检查各个变量的值的变化情况。

实验指导

　　（1）Visua C++ 6.0 中提供了用于产生随机数的有关函数：

rand()　　　　　　　　产生 0～32 767 之间的随机整数

strand(number)　　　　种子函数。其中 number 是无符号整型参数，称为种子值。当种子值 number 不同时，函数 rand() 产生的随机数序列也不同。使用时应包含头文件 stdlib.h

time(0)　　　　　　　time 函数，在 time.h 文件中定义

产生一个在 10～100 之间的随机整数，存放到变量 n 中，可以使用下面的语句：

```
srand(time(0));
do
    n=rand();
while(n<10||n>100);
```

　　（2）实验中的第（3）题可以用枚举法，也称穷举法，这是人们常用的一种思维方法。有一些问题，我们无法用一个计算公式来求得它们的解，它们的解可能离散地分布在某个有限或无限的集合里。枚举法就是逐一列举这个集合里的各个元素，并加以判断，直到求得所需要的解。枚举法是计算机解题常用的方法之一。

　　设能买公鸡 i 只，母鸡 j 只，小鸡 k 只。通过分析，我们可知：

$$i+j+k=100$$
$$5i+3j+k/3=100$$

消去 k 可得

$$7i+4j=100$$

　　由于 i 和 j 至少为 1，由上式可知，i 最大为 13，j 最大为 23，这样我们可以通过两重循环来搜索满足条件的 i、j、k 的值，相应的程序段如下：

```
for(i=1; i<=13; i++)
    for(j=1; j<=23; j++)
    {
        k=100-i-j;
        if(((5*i+3*j+k/3)! =100)||k%3! =0)
            continue;
        printf("i=%d, j=%d, k=%d\n", i, j, k);
    }
```

注意：搜索范围的取值不同，对计算量影响很大，尤其是多重循环的程序。

请读者思考，上述程序是否还可优化，以减少计算量？

　　（3）断点是程序运行时需要暂时停止执行的语句。程序员可以为程序需要观察的语句设置断点，以单步执行的方式跟踪和检查程序当前的各种状态值。

在 C 程序 test. c 中设置断点,以单步执行的方式跟踪程序执行的过程和检查变量的值的操作步骤如下:

① 在主窗口中打开文件 test. c,并且对该文件进行编译连接。

② 把光标移到需要设置断点的语句处,单击鼠标右键,弹出如图 12.1 所示的菜单,用于添加断点。注意断点语句应是有变量的语句。

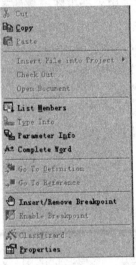

图 12.1　添加断点菜单

③ 单击"Insert/Remove Breakpoint"菜单命令,在断点语句左边空白处出现一个褐色大圆点。再选择一次为取消断点。

工具栏上也有设置断点的快捷键(带手掌的图标)。单击一次为设置断点,再击一次为取消断点,可以在程序中设置多个断点。

④ 单击"编译:开始调试:去"菜单命令或按 F5 功能键,系统开始执行程序,执行到语句"scanf("%d",&n)"时,用户需输入 n 的值。执行到断点语句,程序的执行进入调试状态,在主窗口底部自动弹出显示变量窗口,显示已经输入的变量和断点出现的变量的值,如图 12.2 所示。

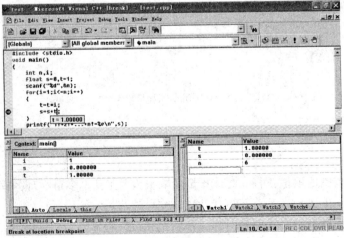

图 12.2　调试状态下的主窗口

此时，可以用 Alt－3～Alt－8 组合键打开各个调试窗口，查看当前程序执行的情况。

在程序调试状态，当鼠标指向程序的某个标识符时，系统将显示该对象的简要信息，例如函数的地址及原型，变量、常量的当前值，还可以显示被选取的表达式的值。图 13.2 中，用鼠标选取表达式"s＝s＋t"后，鼠标进入被选取文本，显示表达式的当前值。

⑤ 本例断点选取在循环体内，每按一次 F5 键，执行一次循环，在断点停留一次。另外，还可以使用调试(Debug)工具的各个命令跟踪程序。例如，连续按 F10 键和 F11 键都可单步执行，但执行到 scanf 和 printf 输出函数时，系统将执行标准流内定义的一系列相关函数。为了使程序员的注意力集中在调试自己的程序上，当黄色箭头指向 scanf 和 printf 输入/输出语句时，应该按 F10 键，使其作为一步执行而不进入跟踪类库的函数。

⑥ 若停止调试程序，可以使用 Debug 菜单的"Stop Debugging"命令，或者单击调试工具栏的快捷键，系统停止程序调试。

实验六　数　　组

实验目的

(1) 掌握一维数组、二维数组和字符数组的定义和使用。

(2) 掌握数组元素的输入/输出方法。

(3) 掌握使用循环结构控制数组元素的下标按规律变化的方法，并设计程序来处理数组元素。

(4) 掌握常用标准字符处理函数的使用。

实验内容

(1) 用选择法对 10 个整数排序，10 个整数用 scanf 函数输入。

(2) 在第(1)题的基础上，再从键盘输入一个数，要求按原来排序的规律将输入的数插入数组中。

(3) 有一篇文章，共有 3 行文字，每行有 80 个字符。要求分别统计出其中英文大写字母、小写字母、数字、空格以及其它字符的个数。

(4) 编一个程序，将两个字符串 s1 和 s2 比较，如果 s1＞s2，输出一个正数；s1＝s2，输出 0；s1＜s2，输出一个负数。不能用 strcmp 函数。

(5) 用随机函数产生 10 个互不相同的两位整数并存放到一维数组中，然后输出该一维数组，并把该数组中的素数输出。

实验指导

(1) 对本实验中的第(3)题，可用一个字符类型的二维数组 text[3][80]来存放三行文字。

(2) 本实验中的第(5)题，可用以下程序段生成 n 个互不相同的两位随机整数并存放到一维数组中：

```
…
int j, x, i＝0;
```

```
  srand(time(0));
    while(i<n)
  {
      x=rand();
      if(x<10||x>=100)
        continue;
      j=0;
      while(j<=i && a[j]!=x)
        j++;
      if(j>i) a[i++]=x;
  }
  …
```

实验七 函数及变量存储类型

实验目的

(1) 掌握函数的定义、函数实参与形参的"值传递"方式及函数的调用。

(2) 熟悉函数的嵌套调用和递归调用。

(3) 掌握全局变量和局部变量的概念和使用。

(4) 熟悉编译预处理的应用。

(5) 初步学会使用 Visual C++ 6.0 Debug 功能跟踪程序执行到函数的内部,观察函数的调用过程。

实验内容

(1) 利用公式近似计算 e 的 n 次方。要求编写函数 f1 用来计算每项分子的值,函数 f2 用来计算每项分母的值,并由主函数调用函数 f1 和 f2。

$$e^x = 1 + x + \frac{x^2}{2!} + \frac{x^3}{3!} + \cdots (前 20 项的和)$$

(2) 写两个函数,分别求出两个整数的最大公约数和最小公倍数,用主函数调用这两个函数并输出结果。两个整数在主函数中由键盘输入。

(3) 编写函数,将一个字符串中的元音字母复制到另一字符串中,然后输出。要求在主函数中完成输入/输出。

(4) 用递归法实现 n 的阶乘。

(5) 给定源程序文件 test.c,内容为:

```
#include <stdio.h>
long Multi(int n);
void main()
{
    double s;
```

```
            s＝(Multi(5)＋Multi(7))/Multi(4);
            printf("s＝%ld\n", s);
        }
    long Multi(int n)
    {
            int i, t＝1;
            for(i＝1; i＜＝n; i++)
                t＝t＊i;
            return t;
    }
```

读程序，并利用 Visual C++ 6.0 Debug 功能跟踪程序执行到函数的内部，观察函数的调用过程和各个变量的值的变化情况。

实验指导

（1）递归是一种较特殊的解决问题的方法，它所解决的问题必须满足两个条件，以阶乘为例来讲，就是：

$$n=\begin{cases}1 & (n=0,1) \quad 递归截止条件 \\ n*(n-1)! & (n>1) \qquad n\,的阶乘可以转换为\,n-1\,的阶乘\end{cases}$$

递归的特点是运行过程要保存多个值，占用内存量大，但有些情况下，如梵诺塔问题，是必须用递归解决的问题，有兴趣的读者可参看其它书籍。

（2）使用 Visual C++ 6.0 Debug 功能跟踪程序 test.c 的执行，观察函数的调用过程和各个变量值变化情况的操作步骤为：

① 在编辑窗口打开文件 test.c，然后进行编译、连接。

② 用功能键 F11 和 F10 单步执行程序，观察变量和调用函数的情况。图 12.3 用 Alt-4 和 Alt-7 组合键打开了两个调试窗口，观察程序执行时变量值的变化和函数调用的情况。

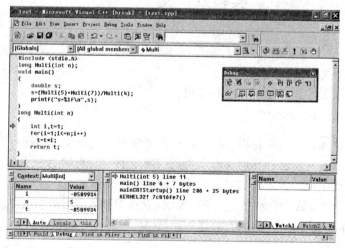

图 12.3　跟踪多函数调用的程序

实验八　指针与结构体

实验目的

(1) 掌握指针的概念,会定义和使用指针变量。

(2) 能正确使用数组的指针和指向数组的指针变量。

(3) 能正确使用字符串的指针和指向字符串的指针变量。

(4) 掌握结构体类型变量的定义和使用。

(5) 掌握结构体类型数组的概念和应用。

(6) 了解链表的概念并掌握链表的简单操作。

实验内容

(1) 输入 3 个整数,按由大到小的顺序输出。编写一个函数,用指针作为参数。

(2) 将数组中的 n 个整数按相反顺序存放。要求用指向数组的指针作为函数的参数。

(3) 在主函数中输入 10 个等长的字符串。用另一函数对它们进行排序,然后在主函数中输出这 10 个已排好序的字符串。

(4) 定义一个结构体变量(包括年、月、日)。输入一个日期值,并存放到结构体变量中,计算该日在本年中是第几天。注意闰年问题。

(5) 有 10 个学生,每个学生的数据包括学号、姓名、3 门课的成绩,从键盘输入 10 个学生数据,要求打印出 3 门课总平均成绩,以及最高分学生的数据(包括学号、姓名、3 门课的成绩、平均分数)。要求编写函数找出最高分的学生。

实验指导

为求某日是该年度的第几天,必须知道某年度各月份的天数,即除了要知道大月和小月外,还需知道二月份的天数。当该年是闰年时,二月份是 29 天,平年时二月份是 28 天。

实验九　文　　件

实验目的

(1) 掌握流和文件指针的概念。

(2) 掌握文本文件和二进制文件的使用。

实验内容

(1) 从键盘输入若干行字符串,把它们输出到磁盘的文本文件中保存。

(2) 从键盘输入一个已存在的文本文件的完整文件名,再输入一个新文本文件的完整名,然后将源文件中的内容复制到新文件中。利用文本编辑软件,查看程序的执行结果。

(3) 有 5 个学生,每个学生有 3 门课的成绩,从键盘输入以上数据(包括学生号、姓名、3 门课成绩),计算出平均成绩,将原有数据和计算出的平均分存放在磁盘文件"stud. dat"中。

实验指导

(1) 在完成第(1)题时,可用 gets()函数从键盘获得一个字符串,当其非空时写入文件

file1. txt 中(用 fputs()函数);而当从键盘上获得的字符串为空时(只按回车键),退出循环,关闭文件。由于 fputs()不会自动在一串字符后面加上操作字符"\n",所以要再使用一个 fputs()向文件中写一个转义字符"\n",以便将来读出数据时能分开各字符串。程序段如下:

```
while(strlen(string))>0)           /* 写字符串到文件 */
{
    fputs(string , fp);
    fputs("\n", fp);
}
close(fp);
```

(2) 将一个文件(源文件)中的内容复制到另一个文件(目标文件)中的步骤是:先从源文件读出一批数据到内存的缓冲区(buff)中,然后再从内存缓冲区中将数据写到目标文件中。

buff 大,则每次的读写量大,总的读写次数少;buff 小,则每次的读写量小,总的读写次数多。在正常情况下,每次读写后,读写指针向后移动一个读写单位(即 buff 空间,buff 的大小由 size 给定)。当源文件中的数据量不足 size 时,可按逐步减半的方法缩小 buff。参考程序如下:

```
#include <stdio. h>
char buff[32768];
void main()
{
    unsigned int size=32768;
    unsigned long i=0;
    FILE  * fp1,  * fp2;
    if((fp1=fopen("file1", "rb"))==0)     /* 按读写分别打开两个文件 */
                                          /* 假设 file1 为已存在的文件 */
    {
        printf("can't open file1\n");
        return;
    }
    if((fp2=fopen("file2", "wb"))==0)
    {
        printf("can't open file1\n");
        return;
    }
    while(size)
    {
        if(fread(buff, size, 1, fp1))
        { /* 源文件中数据够 size,则以 size 为单位读写 */
            fwrite(buff, size, 1, fp2);    /* 写到目标文件 */
```

```
        i+=size;                        /*  计算下一个读写位置  */
    }
    {/*  源文件中数据不够 size，则减小 size 的值  */
        fseek(fp1, i, 0);               /*  移动读写指针到下一个位置  */
        size=size/2;                    /*  折半减小 size 的值  */
    }
}
fclose(fp1);
fclose(fp2);
}
```

实验十　综合课程实验

实验内容

1. 简单的口令检查程序

按下述要求编写口令检查程序(假设正确的口令为 6666)。

(1) 若输入口令正确，则提示"You are welcome!"，程序结束。

(2) 若输入口令不正确，则提示："Wrong password!"，同时检查口令是否已输入 3 次。若未输入 3 次，则提示"Enter again："，且允许用户再次输入口令；若已输入 3 次，则提示"You have entered three times! You are not welcome!"，且不允许用户再输入口令，程序结束。

2. 小学生算术自测

编写一个供小学生用的算术自测程序，具有如下功能：

(1) 程序随机产生两位数以内的 n(如 10)道算术题(完成加、减、乘运算)，要学生回答。

(2) n 道题做完后，程序给出评语：做对 9 道题以上为"优秀"；做对 7 道题或 8 道题为"良好"；做对 5 道题或 6 道题为"一般"；其它为"继续努力"。

(3) 学生做完一轮后，不用结束程序，可进行下一轮。

3. 模拟显示数字式时钟

按如下方法定义一个时钟结构体类型：

```
struct clock
{
    int hour;
    int minute;
    int second;
};
typedef struct clock CLOCK;
```

要求：利用上述结构体类型，编写程序在屏幕上模拟显示一个数字时钟。

4. 计算游戏人员的年龄

有 5 个人围坐在一起，问第 5 个人多大年纪，他说比第 4 个人大 2 岁；问第 4 个人，他说比第 3 个人大 2 岁；问第 3 个人，他说比第 2 个人大 2 岁；问第 2 个人，他说比第 1 个人大 2 岁。第 1 个人说他自己 10 岁，问第 5 个人多大年龄。

5. 电话簿管理程序

电话簿存储的数据包括：人名、工作单位、电话号码和 E-mail 地址。要求具有如下功能：

（1）加入一个新电话号码；

（2）删除一个电话号码；

（3）显示保存的所有电话号码；

（4）修改存储的数据；

（5）排序功能，包括按电话号码排序和按照姓名字母排序；

（6）查询功能，包括按人名查询电话号码和按电话号码查询人名。

要求：程序运行开始时，首先显示一个命令菜单。根据用户的输入，决定调用相应功能。显示数据时，若一页显示不下，可以分页显示。

实验指导

（1）在第 1 题中可设置一个记数器，每输入一次口令，记数器记数一次，同时设置标志变量 flag，当输入口令正确或虽输入不正确但已输入 3 次时，置 flag 为 0，不允许再输入，结束程序。反之，如果标志变量未发生改变（即为 1），则请求用户继续输入口令。

（2）在第 2 题中，要实现计算机自动出题，需调用产生随机数的库函数（参看实验五）。该题可设计一个函数 exam 实现自动出题及对学生计算的判断和记分，由主函数调用exam，并控制是否继续。

exam 函数部分内容如下：

```
void exam()
{
    int operType;                       /* 运算类型 */
    int i, points=0, num1, num2, result, answer;
    printf("现在开始计算，请看题：\n");
    for(i=1; i<=10; i++)
    {
        num1=rand()%100;
        num2=rand()%100;
        operType=rand()%3+1;            /* 产生一个运算类型 */
        switch (operType)
        {
            case 1:  result=num1+num2;      /* 加法出题 */
                     printf("%d + %d\n", num1, num2);
                     break;
```

```
case 2：  if(num1＞num2)                  /＊ 减法出题 ＊/
                {
                    result＝num1－num2；
                    printf("%d－%d\n", num1, num2)；
                }
                else {
                        result＝num2－num1；
                        printf("%d－%d\n", num2, num1)；
                }
                break；
        case 3：  result＝num1 ＊ num2；      /＊ 乘法出题 ＊/
                printf("%d ＊ %d\n", num1, num2)；
                break；
        }
        printf("＝?")；
        scanf("%d", ＆answer)；
        if(result＝＝answer)  points＋＋；
    }
    … …                                    /＊ 对成绩做出评语 ＊/；
    }
```

在上面的函数中，只完成了出题和积分部分，对成绩的评判及主函数的设计，请读者自己完成。另外，该函数采用了一个 0～3 之间的随机整数来代表加、减、乘运算，读者可扩充程序，使程序能完成除运算。

应当注意的是，要产生随机数序列，程序中应包含头文件 stdilb. h 和 time. h。

（3）在完成第 3 题时，可编写时、分、秒的更新函数 Update、时间显示函数 Display 和模拟延时 1 秒的函数 Delay。在主函数中利用循环结构控制时钟运行的时间。下面给出用全局变量编写的三个子函数，读者可改写为用 CLOCK 结构体变量编写的程序。

```
    …
    int hour, minute, second；
    void Update()                    /＊ 时、分、秒时间的更新 ＊/
    {
        second＋＋；
        if(second＝＝60)              /＊ 若已过一分钟，则 minute 值加 1 ＊/
        {
            second＝0；
            minute＋＋；
        }
        if(minute＝＝60)              /＊ 若已过一小时，则 hour 值加 1 ＊/
        {
```

```
        minute＝0;
        hour＋＋;
    }
    if(hour＝＝24)                    /＊ 若 hour 值为 24，则 hour 从 0 开始记时 ＊/
        hour＝0;
}
void Display()                        /＊ 显示时、分、秒 ＊/
{
    printf("%2d：%2d：%2d\r", hour, minute, second);
}
void Delay()
{
    long t;
    for(t＝0; t＜150000000; t＋＋)    /＊ 循环体为空语句，起延时作用 ＊/
}
void main()
{
    long i;
    hour＝minute＝second＝0;
    for(i＝0; i＜10000; i＋＋)          /＊ 利用循环结构，控制时钟运行时间 ＊/
    {
        Update();
        Display();
        Delay();
    }
}
```

读者在改写程序时，可用指向 CLOCK 结构体类型的指针作为函数 Update 和函数 Display 的参数，即：

```
    void Update(CLOCK ＊ t);
    void Display(CLOCK ＊ t);
```

（4）第 4 题为递归问题，递归公式为

$$age(n)＝\begin{cases} 10 & (n＝1) \\ age(n-1)＋2 & (n＞1) \end{cases}$$

（5）第 5 题是一个综合性较强的题目，读者应利用结构体来表示每个用户的基本信息，并根据题目要求设计子函数完成相应功能。若电话号码簿的内容较多，可考虑利用文件存储数据。

附录一

模 拟 试 题

模 拟 试 题（一）

一、选择题（每题 2 分，共 30 分）

1. 关于 C 程序，以下说法中错误的是_____。
    A）C 的源代码必须经过编译和连接，才能形成计算机可以执行的可执行文件
    B）一个 C 程序中的函数不能分开编辑成多个源文件
    C）main 函数是 C 程序执行的入口
    D）函数的定义如果出现在函数的调用之前，则可以不用进行函数声明

2. 在 C 语言中，如果下面的变量都是 int 类型，则输出的结果是_____。
    sum＝pad＝5；pAd＝sum++，pAd++，++pAd；
    printf（"%d\n", pad）；
    A）7   B）6   C）5   D）4

3. 设 a，b，c 都是 int 型变量，且 a＝3，b＝4，c＝5，则下面的表达式中值为 0 的表达式是_____。
    A）'a' && 'b'   B）a<＝b
    C）a||b+c&&b−c   D）！((a<b)&&！c||1)

4. 执行下面程序片断的结果是_____。
    int x＝23；
    do
    { printf("%2d", x−−)；}
    while（！x）
    A）打印出 321   B）打印出 23
    C）不打印任何内容   D）陷入死循环

5. 下面各语句行中，能正确进行赋字符串操作的语句行是_____。
    A）char str[4][5]＝{"ABCDE"}；
    B）char s[5]＝{'A', 'B', 'C', 'D', 'E'}；
    C）char ＊s；s＝"ABCED"；
    D）char ＊s；scanf("%s", s)；

6. 在宏定义 ♯ define PI 3.14159 中，用宏名 PI 代替一个_____。

    A) 单精度数　　　B) 双精度数　　　C) 常量　　　D) 字符串

7. 以下函数的功能是_____。

```
int func(char * str)
{
    char * p = str;
    while((* p++)!= '\0');
    return (p−str−1);
}
```

    A) 求字符串 str 的长度　　　　　B) 比较两个字符串的大小

    C) 将字符串 str 复制到字符串 p　　D) 将字符串 str 连接到字符串 p 后面

8. 两次运行下面的程序，如果从键盘上输入的数据分别是 6 和 4，则输出的结果是_____。

```
♯include <stdio. h>
void main()
{
    int x;
    scanf("%d", &x);
    if(x++>5) printf("%d", x);
    else printf("%d", x−−);
}
```

    A) 7 和 5　　　B) 6 和 3　　　C) 7 和 4　　　D) 6 和 4

9. 若有以下说明和语句，对 C 数组元素引用正确的是_____。

    Int c[4][5], (* cp)[5];

    cp＝c;

    A) cp+1　　　　　　　　　　　B) * (cp+3)

    C) * (cp+1)+3　　　　　　　　D) * (* cp+2)

10. 以下程序段的输出结果是_____。

    int i＝10;

    switch(i+1)

```
    {
        case 10: i++; break;
        case 11: ++i;
        case 12: ++i; break;
        default: i=i+1;
    }
```

    A) 11　　　B) 13　　　C) 12　　　D) 14

11. 根据以下程序段得到的 i 值正确结果是_____。

    inti;

```
char * s = "hello C";
for(i=0; * s++! = ' '; i++);
```

   A) 5   B) 6   C) 7   D) 8

12. 以下关于 C 语言中函数的描述错误的是_____。

   A) 不同的函数中可以使用相同名字的变量，互不干扰

   B) 形式参数都是局部变量

   C) 函数不但可以嵌套定义还可以递归调用

   D) C 语言中的函数参数传递都是单向值传递

13. 如果在 32 位的系统中，一个 int 型变量在内存中占 4 个字节，有定义 int a[10] = {0，1，2，3}；int * p = a；int x = * p++；假设数组的首地址是 0x12FF7C，那么 x 和 p 的值分别是：_____。

   A) 0 0x12FF80   B) 0 0x12FF79

   C) 1 0x12FF80   D) 1 0x12FF79

14. 若有以下说明和语句：

```
struct student
{
    int number;
    char name[20];
};
struct student stu[10];
struct student * p=&stu[0];
```

则以下不正确的引用方式是_____。

   A) strcpy(p->name, "wang");   B) (* p). number = 105;

   C) scanf("%d", p->number);   D) p = stu + 5;

15. 指针 s 所指字符串的长度为_____。

```
char * s="\r\"Name\\Address\n";
```

   A) 19   B) 15   C) 18   D) 说明不合法

二、填空题(每题 2 分，共 20 分)

1. 当整型变量 year 能被 4 整除但不能被 100 整除，或者能被 400 整除时，则可以判断 year 为闰年，写出判断 year 为闰年的表达式：

```
if((_____) || (year % 400 == 0))
```

2. 请在下面程序片断中填空，使指针变量 p 指向一个存储整型变量的动态存储单元。

```
int * p;
p=_____ malloc(sizeof(int));
```

3. 写出下列程序的运行结果_____。

```
int func(int a)
{
    int b = 0;
    static int c = 3;
```

```
        b++;
        c++;
        return (a + b + c);
    }
    void main(void)
    {
        int a = 4;
        int i;
        for(i=0; i<3; i++)
            printf("%d ", func(a));
    }
```

4. 函数 void sort(int a[10], int n); 完成对一个整型数组的排序。若在主函数中定义：int arr[10]; 则调用 sort 函数的正确方式是：_____。

5. 若有以下说明和定义语句，则变量 s 在内存中所占的字节数是_____。（已知一个 float 型变量占 4 个字节，一个 double 型变量占 8 个字节，一个 char 型变量占 1 个字节。）

```
    union aa
    {
        float x, y;
        char c[6];
    }
    struct st{union aa v; float w[5]; double arv; }s;
```

6. C 语言程序的基本单位是_____。

7. 下面的程序将两个指针所指的存储单元的内容进行交换，请填空：

```
    void swap(int * x, int * y)
    {
        int temp;
        temp = * x; * x =_____; * y =_____;
    }
```

8. 函数 my_strlen 用于计算给定字符串的长度，请写出这个函数的声明：_____；

9. 请写出以下两种变量的定义：

p1 中存放结构体类型 struct staff 变量 x 的地址：_____；

p2 为长度为 5 的指针数组，每一个元素都是指向字符的指针_____；

10. 下面的 findmax 函数返回数组 s 中最大元素的下标，数组中元素的个数由 t 传入，请填空。

```
    findmax (int s[], int t)
    {
        int k, p;
        for(p=0, k=p; p<t; p++)
```

```
        if (s[p]>s[k]) ;
    return k;
}
```

三、(22 分)阅读程序

1. (6 分)写出程序的功能及运行结果。

```
#include <stdio.h>
void main()
{
    char *p, s[6]; int n;
    p=s;
    gets(p);
    n= *p-'0';
    while(*++p ! ='\0')
        n=n*8+ *p-'0';
    printf("%d \n", n);
}
```

程序功能:_____。

当键盘输入的字符串为 556 时,运行结果为:_____。

2. (6 分)写出程序的功能及运行结果:

```
#include <stdio.h>
#define N 6
void main()
{
    Int i, j, min, x, a[N] = {1, 7, 2, 4, 3, 9};
    for(i=0; i<N-1; i++)
    {
        min=I;
        for(j=i+1; j<N; j++)
            if (a[j]>a[min]) min=j;
        if (i!=min)
        {
            x=a[i]; a[i]=a[min]; a[min]=x;
        }
    }
    for(i=0; i<N; i++)
        printf("%d ", ar[i]);
    printf("\n");
}
```

程序功能:_____。

运行结果：_____。

3. (6 分)写出程序的运行结果。

```
#include <stdio.h>
void as(int x, int y, int * cp, int * dp)
{
    * cp＝x＋y;
    * dp＝x－y;
}
void main()
{
    int a＝4, b＝3, c, d;
    as(a, b, &c, &d);
    printf("%d %d\n", c, d);
}
```

运行结果：_____。

4. (4 分)写出程序的运行结果。

```
#include <stdio.h>
int func(char * str)
{
    int i;
    int num = 0;
    if (str[0] ! = ' ')
    {
        num = 1;
    }
    else
    {
        num = 0;
    }
    for (i＝1; str[i]! ='\0'; i++)
    {
        if(str[i-1] == ' ' && str[i] ! = ' ')
        {
            num++;
        }
    }
    return num;
}
```

```
void main()
{
    char str[40] = "I am a student!";
    int num;
    num = func(str);
    printf("num＝%d\n", num);
}
```

程序功能：_____。

运行结果：_____。

四、(28 分)编程题

1. (10 分) 编写程序，求 $\dfrac{1}{1!} - \dfrac{1}{3!} + \dfrac{1}{5!} - \dfrac{1}{7!} + \cdots$ 前 20 项的和。

2. (10 分)编写函数 inverse，使输入的一个字符串按反序存放，在主函数中输入和输出字符串。

3. (8 分)编程，用结构体描述 10 个学生的记录，每个学生包括姓名 name、学号 num 及分数 score 3 个成员。要求编写 2 个自定义函数：输入学生成绩函数 inputdata()，求平均分数函数 average()。

参 考 答 案

一、选择题

1～5　B) C) D) B) C)　　　　6～10　D) A) A) D) C)

11～15　B) C) C) C) B)

二、填空题

1. year%4==0 && year%100!=0　　2. (int *)　　3. 9 10 11

4. sort(a, 10)　　5. 34　　6. 函数　　7. y temp

8. int my_strlen (char str[])

9. struct staff x; struct staff p1＝&x;

　char * p2[5];

10. k=p

三、阅读程序

1. 程序功能：将无符号八进制数字构成的字符串转换为十进制整数。

　运行结果：366

2. 程序功能：将数组 a 降序排序

　运行结果：9 7 4 3 2 1

3. 运行结果：7 1

4. 程序功能：统计字符串中的单词个数

　运行结果：num=4

四、编程题

```
1. #include <stdio.h>
   void main()
   {
       float n, t=1, sum=0;
       for(n=1; n<=2; n++)
       {
           t=t*n;
           sum=sum+1/t;
       }
       printf("sum=%f", sum);
   }

2. #include <stdio.h>
   #include <string.h>
   void inverse(char str[])
   {
       int i, j; char t;
       for(i=0, j=strlen(str); i<strlen(str)/2; i++, j--)
       {
           t=str[i]; str[i]=str[j-1]; str[j-1]=t;
       }
   }
   void main()
   {
       char str[80];
       printf("输入字符串:\n");
       gets(str);
       inverse(str);
       printf("反序后的字符串是:%s\n", str);
   }

3. #include <stdio.h>
   #define N 10
   struct student
   {
       char name[20];
       char num[10];
       float score;
   }stu[N];
   void inputdata(struct student stu[]);
```

```
float average(struct student stu[]);
void main()
{
    float aver;
    inputdata(stu);
    aver=average(stu);
    printf("平均分数=%.2f\n", aver);
}

void inputdata(struct student stu[])
{
    int i;
    for(i=0; i<N; i++)
    {
        printf("输入第%d个学生数据:\n", i+1);
        scanf("%s%s%f", stu[i].name, stu[i].num, &stu[i].score);
    }
}
float average(struct student stu[])
{
    float sum; int i;
    for(sum=0, i=0; i<N; i++)
        sum+=stu[i].score;
    return sum/N;
}
```

模 拟 试 题(二)

一、单项选择题(每小题 2 分, 共 30 分)

1. C语言中, 数据的基本类型包括( )。
   A) 整型、实型、字符型和逻辑型
   B) 整型、实型、字符型和结构体
   C) 整型、实型、字符型和枚举型
   D) 整型、实型、字符型和无值(void)型

2. 以下程序的输出结果是( )。
```
void main()
{
    int a=011;
    printf("%d", ++a);
```

```
    }
```
　　A) 12　　　　　B) 11　　　　C) 10　　　　D) 9

3. 下列表达式没有错误的是(　　)。

其中各个表达式中用到的变量定义如下：int x，* p；

　　A) 5.0％2　　　　B) x+1=5　　　　C) &p　　　　D) &(x+1)

4. 逻辑运算符两侧运算对象的数据类型(　　)。

　　A) 只能是 0 或 1　　　　　　　　B) 可以是任何类型的数据

　　C) 只能是整型或字符型数据　　　　D) 只能是 0 或非 0 正数

5. 若 k 为整形，则以下代码段中的 while 循环执行(　　)次。

```
    k=2；
    while(k==0) printf("%d"，k)；k--；printf("\n")；
```
　　A) 无限循环　　　　B) 2　　　　C) 0　　　　D) 1

6. 数组名作为实参传递给形参时，数组名被处理为(　　)。

　　A) 该数组的长度　　　　　　　　B) 该数组的元素个数

　　C) 该数组的首地址　　　　　　　　D) 该数组中各元素的值

7. 两个指针变量不可以(　　)。

　　A) 相加　　　　B) 比较　　　　C) 相减　　　　D) 指向同一地址

8. 以下有关 switch 语句的正确说法是(　　)。

　　A) break 语句是语句中必须的一部分

　　B) 在 switch 语句中可以根据需要使用或不使用 break 语句

　　C) break 语句在 switch 语句中不可以使用

　　D) 在 switch 语句中的每一个 case 都要用 break 语句

9. 现已定义整型变量 int i=1；执行循环语句 while(i++<5)；后，i 的值为(　　)。

　　A) 1　　　B) 5　　　C) 6　　　D) 以上三个答案均不正确

10. 若要限制一个变量只能被本程序文件使用，必须通过(　　)来实现。

　　A) 静态内部变量　　　　　　　　B) 外部变量说明

　　C) 静态外部变量　　　　　　　　D) 局部变量说明

11. "E2"是(　　)。(注：不考虑双引号。)

　　A) 值为 100 的实型常数　　　　　　B) 值为 100 的整型常数

　　C) 不合法的标识符　　　　　　　　D) 合法的标识符

12. 下列语句中，可以输出 26 个大写英文字母的是(　　)。

　　A) for(a='A'；a<='Z'；printf("%c"，++a))；

　　B) for(a='A'；a<='Z'；a++)；printf("%c"，a)；

　　C) for(a='A'；a<='Z'；printf("%c"，a++))；

　　D) for(a='A'；a<='Z'；printf("%c"，a))；

13. 设有如下定义：

```
    struct st
    {
        int a；
```

```
        float b；
    }st1，* pst；
```

若有 pst ＝ & st1；则下面引用正确的是(　　)。

　　A)(* pst. st1. b)　　　　　　　B)(* pst). b

　　C) pst—＞st1. b　　　　　　　D) pst. st1. b

14. 下面的程序段(　　)。

```
    for (t＝1；t＜＝100；t＋＋)
    {
        scanf ("％d"， & x)；
        if ( x＜0 ) continue；
        printf ("％3d"， t )；
    }
```

　　A) 当 x＜0 时整个循环结束　　　　B) 当 x ＞＝ 0 时什么也不输出

　　C) printf 函数永远也不执行　　　　D) 最多允许输出 100 个非负整数

15. 在下面的函数声明中，存在着语法错误的是(　　)。

　　A) void BC(int a，int)　　　　　B) void BD(int，int)

　　C) void BE(int，int＝5)　　　　　D) int BF(int x，int y)

二、填空题(每小题 2 分，共 20 分)

1. 设 x 的值为 15，n 的值为 2，则表达式 x％＝(n＋＝3)运算后，x 的值为＿＿＿＿。

2. 设 int a＝7，b＝9，t；执行完表达式 t＝(a＞b)?a;b 后，t 的值是＿＿＿＿。

3. 下面程序段的输出结果是＿＿＿＿＿＿＿＿＿＿。

　　　int a＝1234；a＝a & 0377；printf("％d ％o\n, a, a)；

4. 表达式 1/4＋2.75 的值是＿＿＿＿＿。

5. 设有以下宏定义，则执行赋值语句 a＝PP * 20；(a 为 int 型变量)后，a 的值是

＿＿＿＿。

```
    #define PR 80
    #define PP PR＋03
```

6. 在 C 程序中，提供的预处理功能主要有以下三种：＿＿＿＿、＿＿＿＿、＿＿＿＿。

7. 在不出现溢出的情况下，将一个数左移 n 位，相当于给它扩大＿＿＿＿倍。

8. 画出流程图中用于数据输入输出的图形符号：＿＿＿＿。

9. 若有 int a[3]＝{10，12，30}，则 a＋1 是＿＿＿＿的地址，* (a＋2)＝＿＿＿＿。

10. ＿＿＿＿＋＿＿＿＿ ＝ 程序。

三、程序分析题(20 分)

1. 分析以下程序的输出结果。

```
    void main()
    {
        int x＝1，y＝0，a＝0，b＝0；
        switch(x)
        {
        case 1：switch(y)
```

```
        {
            case 0:a++; break;
            case 1:b++; break;
        }
    case 2:a++; b++;
    }
    printf("a=%d, b=%d\n", a, b);
}
```

2. 分析以下程序的输出结果。

```
void main ( )
{
    int i =1;
    while(i<=15)
        if(++i%3!=2) continue;
        else printf("%d\n", i);
    printf ("\n");
}
```

3. 分析以下程序的输出结果。

```
struct date
{
    int year;
    int month;
    int day;
};
void func(struct date * p)
{
    p->year = 2000;
    p->month = 5;
    p->day = 22;
}
void main()
{
    struct date d;
    d. year = 1999;
    d. month = 4;
    d. day = 23;
    printf("%d, %d, %d\n", d. year, d. month, d. day);
    func(&d);
    printf("%d, %d, %d\n", d. year, d. month, d. day);
}
```

4. 分析以下程序的输出结果。

```
f1(int a)
{
    int b=0;
    static int c=3;
    b+=1;
    c++;
    return(a+b+c);
}
void main()
{
    int a=1, i;
    for(i=0; i<3; i++)
        printf("%d ", f1(a));
}
```

四、程序填充题(每空 2 分，共 10 分)

1. 韩信点兵。韩信有一队兵，他想知道有多少人，便让士兵排队报数：按从 1 至 5 报数，最末一个士兵报的数为 1；按从 1 至 6 报数，最末一个士兵报的数为 5；按从 1 至 7 报数，最末一个士兵报的数为 4；最后再按从 1 至 11 报数，最末一个士兵报的数为 10。下面程序的主要功能是计算韩信至少有多少兵。

```
void main()
{
    int x = 1;
    int find = 0;
    for (x=1; _____; x++) /* 第一空 */
    {
        if (x%5==1 && x%6==5 && x%7==4 && x%11==10)
        {
            printf(" x = %d\n", x);
            _____; / * 第二空 * /
        }
    }
}
```

2. 将十个整数输入数组，并求出其平均值输出。

```
void main( )
{
    int i, a[10], sum=0, * p=_____; / * 第一空 * /
    for(i=0; i<10; i++)
    {
        scanf("%d", p);
```

```
        sum+=_____;  /*第二空*/
    }
    printf("%8.2f\n", _____);  /*第三空*/
}
```

五、程序改错题（本大题共 1 小题，每小题 10 分，共 10 分）。

下列程序利用泰勒级数 $\sin(x)\approx x-\dfrac{x^3}{3!}+\dfrac{x^5}{5!}-\dfrac{x^7}{7!}+\dfrac{x^9}{9!}-\cdots$ 计算 $\sin(x)$ 的值。要求最后一项的绝对值小于 10^{-5}，并统计出此时累加了多少项。请找出程序中的错误，并改正。

```c
#include <math.h>
#include <stdio.h>
void main()
{
    int n = 1, count = 1;
    float x;
    double sum , term;
    printf("Input x: ");
    scanf("%d", &x);
    sum = x;
    term = x;
    do
    {
        term = -term * x * x/(n+1) * (n+2);
        sum = sum + term;
        n++;
        count++;
    }while (fabs(term) <= 1e-5);
    printf("sin(x) = %f, count = %d\n", sum, count);
}
```

六、根据程序调试所提供的各种信息（见下图），回答下列问题（10 分）

问题 1：请解释下列两个图标的作用分别是什么？（4 分）

答：▨▨ ：

▨ ：

问题 2：假设程序的输入是字符串：Language Programming<回车>，请问该程序的执行结果是什么？（2 分）

答：

问题 3：程序执行完最后一条语句以后，变量 pc 的值是多少？（2 分）

答：

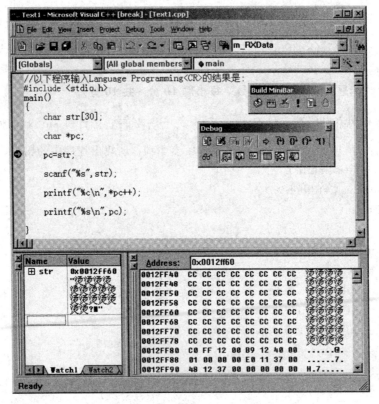

附图

问题 4：在图中右下角的内存区域中圈出分配给数组 str 的内存空间。(2 分)

参 考 答 案

一、单项选择题

1~5 D) C) C) B) C)   6~10 C) A) B) C) C)

11~15 D) C) B) D) C)

二、填空题

1. 0   2. 9   3. 语法错误   4. 2.75   5. 140

6. 宏定义 文件包含   7. 2^n 8. ▱

9. a[1](或者第二个元素)   30   10. 算法 数据结构

三、程序分析题

1. a＝2，b＝1

2.   2

     5

     8

　　　　11

　　　　14

3. 1999，4，23

　　2000，5，22

4. 6　　7　　8

四、程序填充题

1. find＝＝0　　　find＝1

2. a 或者 ＆a[0]　　＊p＋＋ sum/10.0（注：除以 10.0 可以在第二个空）

五、程序改错题

　　"%d"—＞"%f"

　　term ＝ −term ＊ x ＊ x/(n+1) ＊ (n+2); —＞ term ＝ −term ＊ x ＊ x/((n+1) ＊

(n＋2));

　　　　n＋＋; —＞ n＋＋; n＋＋; 或者 n＝n+2;

　　　　fabs(term) ＜＝ 1e−5 —＞ fabs(term) ＞＝ 1e−5

六、根据程序调试所提供的各种信息，回答下列问题

1. 创建可执行程序　　　停止调试

2. L

　anguage

3. 0x0012ff61

模　拟　试　题（三）

一、选择题（每题 2 分，共 30 分）

1. 执行以下语句后，m 和 n 的值分别是（　　）。

　　int a＝4，b＝3，c＝2，d＝1，m＝1，n＝1;

　　(m＝a＜b) || (n＝c＜d);

　A) 1 1　　　B) 1 0　　　C) 0 1　　　D) 0 0

2. 以下程序的输出结果是（　　）。

```
void main(void)
{
    int a=011;
    printf("%d\n", --a);
}
```

　A) 11　　　B) 10　　　C) 9　　　D) 8

3. 有符号串如下，其中哪些是合法的字符常量（　　）。

　　(1) '1234'　　(2) "1"　　(3) '1'　　(4) "ABC"

　　(5) "A $ "　　(6) '\0'　　(7) "12.8" (8) "#!&"

　A) (1)(3)(6)　　　B) (2)(3)(6)　　　C) (3)(6)　　　D) (3)

4. 下列选项中,合法的 C 语言保留关键字是( )。

A) VAR   B) cher   C) integer   D) default

5. 为避免嵌套的 if~else 语句的二义性,C 语言规定 else 总是与( )组成配对关系。

A) 缩进位置相同的 if   B) 在其之前未配对的 if

C) 在其之前最近的未配对的 if   D) 同一列上的 if

6. 设有数组定义:signed char array[]="test";则数组 array 占的空间为( )字节。

A) 4   B) 5   C) 8   D) 10

7. 对于以下语句,描述正确的是( )。

```
int k=5;
while(k==1) k--;
```

A) while 循环执行 5 次   B) 循环体执行 1 次

C) 循环体一次也不执行   D) 死循环

8. 若 a 为整型变量,p1 和 p2 是指向同一整型数组中不同元素的指针变量,下面语句中无有效意义的是( )。

A) a=(p2−p1)/sizeof(int);   B) p1=p2−a;

C) a * p1;   D) a= * p1+ * p2;

9. 执行下面的程序后,a 的值是( )。

```
#define SQR(X) X * X
void main(void)
{
    int a=10, k=2, m=1;
    a/=SQR(k+m)/SQR(k+m);
    printf("%d\n", a);
}
```

A) 10   B) 1   C) 9   D) 0

10. 若有以下函数调用语句,在此函数调用语句中实参的个数是( )。

```
fun(a+b, (x, y), fun(n+k, d, (a, b)));
```

A) 3   B) 4   C) 5   D) 6

11. 设 int a='\0', b=5, c=2;选择可执行 x++ 的语句是( )。

A) if(a) x++;   B) if(a=b) x++;

C) if(a<=b) x++;   D) if(!(b−c)) x++;

12. 设 int a=1,则结果为 0 的表达式是( )。

A) 2%a   B) a/=a   C) !a   D) a−−

13. 设有以下说明,则错误的 C 语句是( )。

```
int s[2] = {0, 1}, * p = s;
```

A) s+=1;   B) p+=1;   C) * p++;   D) (* p)++;

14. 可以完全等价于条件表达式:(exp)? 1∶0 中的(exp)表达式的是( )。

A) (exp!=1)   B) (exp!=0)   C) (exp==0)   D) (exp==1)

15. 阅读下列程序,上述程序运行后,输出结果为( )。

```
void main()
{
    intn[3], i, j, k;
    for(i=0; i<3; i++)
        n[i]=0;
    k=2;
    for(i=0; i<k; i++)
        for(j=0; j<k; j++)
            n[j]=n[i]+1;
    printf("%d\n", n[1]);
}
```

A) 2　　　　　　B) 1　　　　　C) 0　　　　　D) 3

二、填空题(每题 2 分，共 20 分)

1. 执行下列语句后，n 的值是＿＿＿＿＿＿＿＿。

　　int n＝3&&4;

2. 设有 x、y 变量，采用分支结构写出代码段，求出最小值，并赋值给 min 变量：

＿＿＿＿＿＿＿＿＿＿＿＿＿。

3. a 数组定义语句为"char a[3];"，按照内存排列顺序，a 数组中的所有元素是

＿＿＿＿＿＿＿＿＿＿＿＿＿＿＿＿＿。

4. 设 int a＝10，b＝20，t；执行完表达式 t＝(a>b)？a:b 后，t 的值是＿＿＿＿＿＿＿。

5. 设 int m，n；写出从键盘读入用户输入的语句代码＿＿＿＿＿＿＿＿。

6. 若有 float a[]＝{10，4，3，2，1，0}，* pa＝a；则数组 a 含＿＿＿＿个 float 数据，pa[1]＝＿＿＿＿，* (a＋3)＝＿＿＿＿；设 a＝0x1000，则 pa++的值等于＿＿＿＿。

7. 写出下列程序的运行结果：＿＿＿＿。

　　int x＝15；

　　printf("x＝%d, ", x++);

　　printf("x＝%d\n", ++x);

8. 若有以下说明"float a[]＝{1，2，3，4}，* p＝a；"，设 p＝2008，则 p++的值等于＿＿＿＿＿。

9. 设 int a＝5，b＝5，c＝7，d＝7，m＝0，n＝0；执行(m＝a>=b)||(n＝c>=d)；后 n 的值等于＿＿＿＿。

10. 执行下面程序段后，k 的值是＿＿＿＿。

　　k = 1；n = 263；

　　do{

　　　　k *= n%10；

　　　　n/=10；

　　}while(n)；

三、(22 分)阅读程序

1. (4 分)以下程序执行后屏幕输出结果是＿＿＿＿。

```
#define Year 2010
void main()
{
int a=Year, c=10;
char b;
b=2;
printf("%d-%d-%d\n", a, b, c);
}
```

2. (6 分)以下程序运行后屏幕输出结果是_____。

```
void increment(void)
{
    int x=0;
    x+=1;
    printf("%d", x);
}
void main(void)
{
    increment();
    increment();
    increment();
}
```

3. (6 分)写出程序的运行结果。

```
Int func(int * a, int size)
{
    int i;
    int sum = 0;
    for(i = 0; i < size; i++)
    {
        if(a[i]%2)
            sum += a[i];
    }
    return sum;
}
void main()
{
    int a[5] = {10, 21, 30, 50, 51};
    printf("%d", func(a, 5));
}
```

程序功能：_____。

运行结果：_____。

4.（6 分）写出程序的运行结果。

```c
#include <stdio.h>
void main()
{
    int a[] = {3, 100, 201, 4, 50};
    int i = 0;
    int j = 0;
    int max;
    for(i = 0; i < 4; i++)
    {
        max = i;
        for(j = i; j < 5; j++)
        {
            if(a[max] < a[j])
                max = j;
        }
        j = a[max];
        a[max] = a[i];
        a[i] = j;
    }
    for(i = 0; i < 5; i++)
        printf("%d ", a[i]);
}
```

程序功能：_____。

运行结果：_____。

四、(28 分)编程题

1.（10 分）给定实数 stdValue 的值为 3.1415926，寻求四个介于 20 和 100 之间（含 20 和 100）的整数 a，b，c，d，使(stdValue − (a×b)/(c×d))的绝对值最小，并将找到的 a、b、c、d 并输出到屏幕上。

2.（8 分）函数首部为 void TimeTranslate(long totalSeconds, int * pHour, int * pMinute, int * pSecond)。功能为将 totalSeconds（总秒数）转化为时间长度相等的时、分、秒。

3.（10 分）编写一个完整的 C 源程序，该程序由以下函数组成：

(1) 函数首部为：int IsPrime(int n)。功能：当参数值为素数时返回 1，否则返回 0。

(2) 函数首部为：void ReadRange(int * pMin, int * pMax)。功能：从键盘读入两个整数，最小值赋给 pMIn 指针指向的变量，最大值赋给 pMax 指针指向的变量。

(3) 主函数。功能：调用 ReadRange 函数，从键盘上读入两个不等的整数 min、max，然后调用 IsPrime 函数，在显示器上打印从 min 到 max 以内的所有素数。

参 考 答 案

一、选择题

1~5　D) D) C) D) C)　　　　6~10　B) C) C) B) A)　　　11~15　C) C) A) B) D)

二、填空题

1. 1　　　2. If (x>y)min=y; else min=x;　　　3. a[0], a[1], a[2]

4. 20　　5. scanf("%d%d", &a, &b);　　　　6. 6, 4, 2, 0x1004

7. 15, 17　　8. 2008　　9. 0　　10. 36

三、阅读程序

1. 2010−2−10　　　2. 111

3. 求数组中为奇数的元素的和, 72　　　4. 选择排序法, 201 100 50 4 3

四、编程题

1.

```c
#include <stdio.h>
#include <math.h>
int main()
{ int i[4];
  int result[4] = {20, 20, 20, 20};
  double pi = 3.1415926;
  double min = fabs(pi − (1.0 * result[0] * result[1])/(result[2] * result[3]));
  for(i[0] = 20; i[0] <=100; i[0]++){
    for(i[1] = 20; i[1] <= 100; i[1]++){
      for(i[2] = 20; i[2] <= 100; i[2]++){
        for(i[3] = 20; i[3] <=100; i[3]++){
          if(fabs(pi − (1.0 * i[0] * i[1])/(i[2] * i[3])) < min){
            result[0] = i[0]; result[1] = i[1];
            result[2] = i[2]; result[3] = i[3];
            min = fabs(pi − (1.0 * result[0] * result[1])/(result[2] * result[3]));
          }
        }
      }
    }
  }
  printf("%d %d %d %d\n", result[0], result[1], result[2], result[3]);
  return 0;
}
```

2.

```
void TimeTranslate(long totalSeconds, int * pHour, int * pMinute, int * pSecond)
{
    * pSecond = totalSeconds % 60;
    * pMinute = (totalSeconds/60)%60;
    * pHour = (totalSeconds/3600)%60;
}
```

3.

```
#include <stdio. h>
#include <math. h>
int IsPrime(int n)
{
    int i;
    if(n <=1) return 0;
    for(i = 2; i < n/2 + 1; i++){
        if(!(n%i))
            break;
    }
    if(i == (n/2+1))
        return 1;
    else
        return 0;
}
void ReadRange(int * pMin, int * pMax)
{
    scanf("%d%d", pMin, pMax);
}

int main()
{
    int min, max;
    int i;
    ReadRange(&min, &max);
    for(i = min; i < max; i++){
        if(IsPrime(i))
            printf("%d ", i);
    }
    return 0;
}
```

附录二

2010 年 3 月全国计算机等级考试

二级 C 语言笔试试题

一、选择题((1)～(10)、(21)～(40)每题 2 分，(11)～(20)每题 1 分，共 70 分)

下面各题 A)、B)、C)、D)四个选项中，只有一个选项是正确的。请将正确选项填涂在答题卡相应位置上，答在试卷上不得分。

(1) 下列叙述中正确的是( )。

    A) 对长度为 n 的有序链表进行查找，最坏情况下需要的比较次数为 n

    B) 对长度为 n 的有序链表进行对分查找，最坏情况下需要的比较次数为(n/2)

    C) 对长度为 n 的有序链表进行对分查找，最坏情况下需要的比较次数为(log2n)

    D) 对长度为 n 的有序链表进行对分查找，最坏情况下需要的比较次数为(nlog2n)

(2) 算法的时间复杂度是指( )。

    A) 算法的执行时间

    B) 算法所处理的数据量

    C) 算法程序中的语句或指令条数

    D) 算法在执行过程中所需要的基本运算次数

(3) 软件按功能可以分为：应用软件、系统软件和支撑软件(或工具软件)。下面属于系统软件的是( )。

    A) 编辑软件   B) 操作系统

    C) 教务管理系统   D) 浏览器

(4) 软件(程序)调试的任务是( )。

    A) 诊断和改正程序中的错误   B) 尽可能多地发现程序中的错误

    C) 发现并改正程序中的所有错误   D) 确定程序中错误的性质

(5) 数据流程图(DFD 图)是( )。

    A) 软件概要设计的工具   B) 软件详细设计的工具

    C) 结构化方法的需求分析工具   D) 面向对象方法的需求分析工具

(6) 软件生命周期可分为定义阶段、开发阶段和维护阶段。详细设计属于( )。

    A) 定义阶段   B) 开发阶段

    C) 维护阶段   D) 上述三个阶段

(7) 数据库管理系统中负责数据模式定义的语言是( )。

　　A）数据定义语言　　　　　　　　　B）数据管理语言

　　C）数据操纵语言　　　　　　　　　D）数据控制语言

（8）在学生管理的关系数据库中，存取一个学生信息的数据单位是（　　）。

　　A）文件　　　　　　　　　　　　　B）数据库

　　C）字段　　　　　　　　　　　　　D）记录

（9）数据库设计中，用 E－R 图来描述信息结构但不涉及信息在计算机中的表示，它属于数据库设计的（　　）。

　　A）需求分析阶段　　　　　　　　　B）逻辑设计阶段

　　C）概念设计阶段　　　　　　　　　D）物理设计阶段

（10）有两个关系 R 和 T 如下：

R

A	B	C
a	1	2
b	2	2
c	3	2
d	3	2

T

A	B	C
a	1	2
b	2	2

则由关系 R 得到关系 T 的操作是（　　）。

　　A）选择　　　　B）投影　　　　C）交　　　D）并

（11）以下叙述正确的是（　　）。

　　A）C 语言程序是由过程和函数组成的

　　B）C 语言函数可以嵌套调用，例如：fun(fun(x))

　　C）C 语言函数不可以单独编译

　　D）C 语言中除了 main 函数，其它函数不可作为单独文件形式存在

（12）以下关于 C 语言的叙述中正确的是（　　）。

　　A）C 语言中的注释不可以夹在变量名或关键字的中间

　　B）C 语言中的变量可以在使用之前的任何位置进行定义

　　C）在 C 语言算术表达式的书写中，运算符两侧的运算数类型必须一致

　　D）C 语言的数值常量中夹带空格不影响常量值的正确表示

（13）以下 C 语言用户标识符中，不合法的是

　　A）_1　　　　　B）AaBc　　　　C）a_b　　　D）a—b

（14）若有定义：double a＝22；int i＝0，k＝18；，则不符合 C 语言规定的赋值语句是（　　）。

　　A）a＝a＋＋，i＋＋；　　　　　　　B）i＝(a+k)＜＝(i+k)；

　　C）i＝a％11；　　　　　　　　　　D）i＝!a；

（15）有以下程序

　　　　#include ＜stdio.h＞

```
main()
{   char a，b，c，d；
    scanf("%c%c"，&a，&b)；
    c=getchar()；d=getchar()；
    printf("%c%c%c%c\n"，a，b，c，d)；
}
```

当执行程序时，按下列方式输入数据(↙代表回车，注意：回车也是一个字符)

     12 ↙

     34 ↙

则输出结果是(　　)。

    A) 1234　　　　　　B) 12

    C) 12　　　　　　　D) 12

       3　　　　　　　　　　34

(16) 关于 C 语言数据类型使用的叙述中错误的是(　　)。

    A) 若要准确无误差的表示自然数，应使用整数类型

    B) 若要保存带有多位小数的数据，应使用双精度类型

    C) 若要处理如"人员信息"等含有不同类型的相关数据，应自定义结构体类型

    D) 若只处理"真"和"假"两种逻辑值，应使用逻辑类型

(17) 若 a 是数值类型，则逻辑表达式(a==1)||(a!=1)的值是(　　)。

    A) 1　　　　B) 0　　　　C) 2　　　　D) 不知道 a 的值，不能确定

(18) 以下选项中与 if(a==1)a=b；else a++；语句功能不同的 switch 语句是(　　)。

    A) switch(a)　　　　　　　B) switch(a==1)

       { case 1:a=b；break；　　　{ case 0:a=b；break；

        default：a++；　　　　　 case 1:a++；

       }　　　　　　　　　　　　}

    C) switch(a)　　　　　　　D) switch(a==1)

       { default:a++；break；　　{ case 1:a=b；break；

        case 1:a=b；　　　　　 case 0：a++；

       }　　　　　　　　　　　　}

(19) 有如下嵌套的 if 语句

```
if(a<b)
    if(a<c) k=a；
    else k=c；
else
    if(b<c) k=b；
    else k=c；
```

以下选项中与上述 if 语句等价的语句是(　　)。

    A) k=(a<b)? a:b；k=(b<c)? b:c；

    B) k=(a<b)? ((b<c)? a:b):((b<c)? b:c)；

　　C) k＝(a＜b)？((a＜c)？a：c)((b＜c)？b：c)；

　　D) k＝(a＜b)？a：b；k＝(a＜c)？a；c

(20) 有以下程序

```
#include <stdio.h>
main()
{   in i, j, m=1;
    for(i=1; i<3; i++)
    {for(j=3; j>0; j--)
        {if(i*j)>3) break;
            m=i*j;
        }
    }
    printf("m=%dn", m);
}
```

程序运行后的输出结果是(　　)。

　　A) m＝6　　　　B) m＝2　　　C) m＝4　　　　D) m＝5

(21) 有以下程序

```
#include <stdio.h>
main()
{   int a=1; b=2;
    for(; a<8; a++) {b+=a; a+=2; }
    printf("%d, %dn", a, b);
}
```

程序运行后的输出结果是(　　)。

　　A) 9, 18　　　B) 8, 11　　　C) 7, 11　　　D) 10, 14

(22) 有以下程序，其中 k 的初值为八进制数

```
#include
main()
{   int k=011;
    printf("%d\n", k++);
}
```

程序运行后的输出结果是(　　)。

　　A) 12　　　B) 11　　　C) 10　　　D) 9

(23) 下列语句组中，正确的是(　　)。

　　A) char * s; s="Olympic";　　　　　　B) char s[7]; s="Olympic";

　　C) char * s; s={"Olympic"};　　　　　D) char s[7]; s={"Olympic"};

(24) 以下关于 return 语句的叙述中正确的是(　　)。

　　A) 一个自定义函数中必须有一条 return 语句

　　B) 一个自定义函数中可以根据不同情况设置多条 return 语句

C) 定义成 void 类型的函数中可以有带返回值的 return 语句

D) 没有 return 语句的自定义函数在执行结束时不能返回到调用处

(25) 下列选项中,能正确定义数组的语句是

A) int num[0..2008];　　　　　B) int num[];

C) int N=2008;　　　　　　　　D) #define N 2008

　　int num[N];　　　　　　　　　　int num[N];

(26) 有以下程序

```
#include <stdio.h>
void fun(char * c, int d)
{   * c= * c+1; d=d+1;
    printf("%c, %c, ", * c, d);
}
main()
{   char b='a', a='A';
    fun(&b, a);
    printf("%c, %c\n", b, a);
}
```

程序运行后的输出结果是(　　)。

A) b, B, b, A

B) b, B, B, A

C) a, B, B, a

D) a, B, a, B

(27) 若有定义 int(* Pt)[3];,则下列说法正确的是(　　)。

A) 定义了基类型为 int 的三个指针变量

B) 定义了基类型为 int 的具有三个元素的指针数组 pt

C) 定义了一个名为 * pt、具有三个元素的整型数组

D) 定义了一个名为 pt 的指针变量,它可以指向每行有三个整数元素的二维数组

(28) 设有定义 double a[10], * s=a;,以下能够代表数组元素 a[3]的是(　　)。

A) (* s)[3]　　　B) * (s+3)　　　C) * s[3]　　　D) * s+3

(29) 有以下程序

```
#include <stdio.h>
main()
{   int a[5]={1, 2, 3, 4, 5}, b[5]={0, 2, 1, 3, 0}, i, s=0;
    for(i=0; i<5; i++) s=s+a[b[i]]);
    printf("%dn", s);
}
```

程序运行后的输出结果是(　　)。

A) 6　　　B) 10　　　C) 11　　　D) 15

(30) 有以下程序

```
#include <stdio.h>
main()
{   int b[3][3]={0,1,2,0,1,2,0,1,2},i,j,t=1;
    for(i=0; i<3; i++)
    for(j=i; j<=1; j++) t+=b[i][b[j][i]];.
    printf("%d\n", t);
}
```

程序运行后的输出结果是(   )。

   A) 1   B) 3   C) 4   D) 9

(31) 若有以下定义和语句

```
char s1[10]="abcd!", *s2="n123\";
printf("%d %d\n", strlen(s1), strlen(s2));
```

则输出结果是(   )。

   A) 5 5   B) 10 5   C) 10 7   D) 5 8

(32) 有以下程序

```
#include <stdio.h>
#define N 8
void fun(int *x, int i)
{   *x=*(x+i); }
main()
{   int a[N]={1,2,3,4,5,6,7,8},i;
    fun(a, 2);
    for(i=0; i<N/2; i++)
        printf("%d", a[i]);
    printf("\n");
}
```

程序运行后的输出结果是(   )。

   A) 1313   B) 2234   C) 3234   D) 1234

(33) 有以下程序

```
#include <stdio.h>
int f(int t[], int n);
main()
{   int a[4]={1,2,3,4}, s;
    s=f(a, 4); printf("%d\n", s);
}
int f(int t[], int n)
{   if(n>0) return t[n-1]+f(t, n-1);
    else return 0;
}
```

程序运行后的输出结果是(　　)。

　　A) 4　　　　B) 10　　　C) 14　　　D) 6

(34) 有以下程序

```
#include <stdio.h>
int fun()
{   static int x=1;
    x=x*2;
    return x;
}
main()
{   int i, s=1;
    for(i=1; i<=2; i++) s=fun();
    printf("%d\n", s);
}
```

程序运行后的输出结果是(　　)。

　　A) 0　　　　B) 1　　　C) 4　　　　D) 8

(35) 有以下程序

```
#include <stdio.h>
#define SUB(a) (a)-(a)
main()
{   int a=2, b=3, c=5, d;
    d=SUB(a+b) * c;
    printf("%d\n", d);
}
```

程序运行后的输出结果是(　　)。

　　A) 0　　　　B) −12　　　C) −20　　　D) 10

(36) 设有定义：

```
struct complex
{ int real, unreal; } data1={1, 8}, data2;
```

则以下赋值语句中错误的是(　　)。

　　A) data2=data1;　　　　　　　B) data2=(2, 6);
　　C) data2.real=data1.real;　　　D) data2.real=data1.unreal;

(37) 有以下程序

```
#include <stdio.h>
struct A
{ int a; char b[10]; double c; };
void f(struct A t);
main()
{   struct A a={1001, "ZhangDa", 1098.0};
```

```
        f(a);
        printf("%d，%s，%6.1fn", a.a, a.b, a.c);
    }
    void f(struct A t)
    {   t.a=1002;
        strcpy(t.b, "ChangRong");
        t.c=1202.0;
    }
```

程序运行后的输出结果是（　　）。

　A) 1001，zhangDa，1098.0　　　　　B) 1002，changRong，1202.0

　C) 1001，ehangRong，1098.0　　　　D) 1002，ZhangDa，1202.0

(38) 有以下定义和语句

```
    struct workers
    {   int num；
        char name[20]；
        char c；
        struct
        { int day；int month；int year；}s；
    }；
    struct workers w，* pw；
    pw=&w；
```

能给 w 中 year 成员赋 1980 的语句是（　　）。

　A) * pw. year=1980；　　　　　B) w. year=1980；

　C) pw—>year=1980；　　　　　D) w. s. year=1980；

(39) 有以下程序

```
    #include <stdio. h>
    main()
    {   int a=2，b=2，c=2；
        printf("%d\n", a/b&&c);
    }
```

程序运行后的输出结果是（　　）。

　A) 0　　　　B) 1　　　　C) 2　　　　D) 3

(40) 有以下程序

```
    #include <stdio. h>
    main()
    {   FILE * fp；char str[10]；
        fp=fopen("myfile. dat", "w")；
        fputs("abc", fp)；fclose(fp)；
        fp=fopen("myfile. data", "a++")；
```

```
        fprintf(fp, "%d", 28);
        rewind(fp);
        fscanf(fp, "%s", str); puts(str);
        fclose(fp);
    }
```

程序运行后的输出结果是(   )。

A) abc   B) 28c   C) abc28   D) 因类型不一致而出错

二、填空题(每题 2 分,共 20 分)

(1) 一个队列的初始状态为空,现将元素 A, B, C, D, E, F, 5, 4, 3, 2, 1 依次入队,然后再依次退队,则元素退队的顺序为【1】。

(2) 设某循环队列的容量为 50,如果头指针 front=45(指向队头元素的前一位置),尾指针 rear=10(指向队尾元素),则该循环队列中共有【2】个元素。

(3) 设二叉树如下:

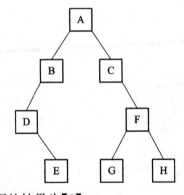

对该二叉树进行后序遍历的结果为【3】。

(4) 软件是【4】、数据和文档的集合。

(5) 有一个学生选课的关系,其中学生的关系模式为:学生(学号,姓名,班级,年龄),课程的关系模式为:课程(课号,课程名,学时),其中两个关系模式的键分别是学号和课号,则关系模式选课可定义为:选课(学号,【5】,成绩)。

(6) 设 x 为 int 型变量,请写出一个关系表达式【6】,用以判断 x 同时为 3 和 7 的倍数时,关系表达式的值为真。

(7) 有以下程序

```
    #include <stdio.h>
    main()
    {   int a=1, b=2, c=3, d=0;
        if(a==1)
            if(b!=2)
                if(c==3) d=1;
                else d=2;
            else if(c!=3) d=3;
```

```
                else d=4;
            else d=5;
            printf("%d\n", d);
    }
```

程序运行后的输出结果是【7】。

(8) 有以下程序

```
    #include <stdio.h>
    main()
    {   int m, n;
        scanf("%d %d", &m, &n);
        while(m!=n)
        {   while(m>n) m=m-n;
            while(m<n) n=n-m;
        }
        printf("%d\n", m);
    }
```

程序运行后，当输入 14 63 <回车> 时，输出结果是【8】。

(9) 有以下程序

```
    #include <stdio.h>
    main()
    {   int i, j, a[][3]={1, 2, 3, 4, 5, 6, 7, 8, 9};
        for(i=0; i<3; i++)
            for(j=i; j<3; j++) printf("%d", a[i][j]);
        printf("\n");
    }
```

输出结果为【9】。

(10) 有以下程序

```
    #include <stdio.h>
    main()
    {   int a[]={1, 2, 3, 4, 5, 6}, *k[3], i=0;
        while(i<3)
        {   k[i]=&a[2*i];
            printf("%d", *k[i]);
            i++;
        }
    }
```

程序运行后的输出结果是【10】。

(11) 有以下程序

```
    #include <stdio.h>
```

```
main()
{    int a[3][3]={{1，2，3}，{4，5，6}，{7，8，9}}；
     int b[3]={0}，i；
     for(i=0；i<3；i++) b[i]=a[i][2]+a[2][i]；
for(i=0；i<3；i++) printf("%d"，b[i])；
printf("\n")；
}
```

程序运行后的输出结果是【11】。

(12) 有以下程序

```
#include <stdio. h>
#include <string. h>
void fun(char  * str)
{    char temp；int n，i；
     n=strlen(str)；
     temp=str[n-1]；
     for(i=n-1；i>0；i--) str[i]=str[i-1]；
     str[0]=temp；
}
main()
{    char s[50]；
     scanf("%s"，s)；
     fun(s)；
     printf("%s\n"，s)；
}
```

程序运行后输入：abcdef<回车>，则输出结果是【12】。

(13) 以下程序的功能是：将值为三位正整数的变量 x 中的数值按照个位、十位、百位的顺序拆分并输出。请填空。

```
#include <stdio. h>
main()
{    int x=256；
     printf("%d-%d-%d\n"，【13】，x/10%10，x/100)；
}
```

(14) 以下程序用以删除字符串所有的空格，请填空。

```
#include <stdio. h>
main()
{    char s[100]={"Our teacher teach C language!"}；
     int i，j；
     for(i=j=0；s[i]! ='\0'；i++)
     if(s[i]!= ' ') {s[j]=s[i]；j++；}
```

```
            s[j]=【14】
            printf("%s\n", s);
    }
```

(15) 以下程序的功能是：借助指针变量找出数组元素中的最大值及其元素的下标值。请填空。

```
#include <stdio.h>
main()
{   int a[10], *p, *s;
    for(p=a; p-a<10; p++) scanf("%d", p);
    for(p=a, s=a; p-a<10; p++)
        if(*p> *s) s=【15】;
            printf("index=%d\n", s-a);
}
```

参 考 答 案

一、选择题

(1)~(10)：A) D) B) A) C)   B) A) D) C) A)   (11)~(20) B) B) D) C) C)
D) A) B) C) A) (21)~(30)：D) D) A) B) D)   A) D) B) C) C)   (31)~(40)：A)
C) B) C) C)   B) A) D) A) C)

二、填空题

【1】ABCDEF54321   【2】15   【3】EDBGHFCA   【4】程序   【5】课号
【6】(x%3==0)&&(x%7==0)   【7】4   【8】7   【9】123569   【10】135
【11】101418   【12】fabcde   【13】x%10   【14】s[i+2]   【15】p

2011年9月全国计算机等级考试
二级C语言笔试试题

一、选择题((1)～(10)、(21)～(40)每题2分，(11)～(20)每题1分，共70分)

下列各题 A)、B)、C)、D)四个选项中，只有一个选项是正确的。请将正确选项填涂在答题卡相应位置上，答在试卷上不得分。

(1) 下列叙述中正确的是(   )。
  A) 算法就是程序
  B) 设计算法时只需要考虑数据结构的设计
  C) 设计算法时只需要考虑结果的可靠性
  D) 以上三种说法都不对

(2) 下列关于线性链表的叙述中正确的是(   )。
  A) 各数据结点的存储空间可以不连续，但它们的存储顺序与逻辑顺序必须一致
  B) 各数据结点的存储顺序与逻辑顺序可以不一致，但它们的存储空间必须连续
  C) 进行插入与删除时，不需要移动表中的元素
  D) 以上三种说法都不对

(3) 下列关于二叉树的叙述中，正确的是(   )。
  A) 叶子结点总是比度为2的结点少一个
  B) 叶子结点总是比度为2的结点多一个
  C) 叶子结点数是度为2的结点数的两倍
  D) 度为2的结点数是度为1的结点数的两倍

(4) 软件按功能可以分为应用软件、系统软件和支撑软件(或工具软件)。下面属于应用软件的是(   )。
  A) 学生成绩管理系统
  B) C语言编译程序
  C) UNIX操作系统
  D) 数据库管理系统

(5) 某系统总体结构图如下图所示：

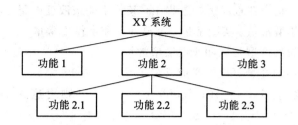

该系统总体结构图的深度是( )。

A) 7   B) 6   C) 3   D) 2

(6) 程序调试的任务是( )。

    A) 设计测试用例   B) 验证程序的正确性

    C) 发现程序中的错误   D) 诊断和改正程序中的错误

(7) 下列关于数据库设计的叙述中,正确的是( )。

A) 在需求分析阶段建立数据字典   B) 在概念设计阶段建立数据字典

C) 在逻辑设计阶段建立数据字典   D) 在物理设计阶段建立数据字典

(8) 数据库系统的三级模式不包括( )。

    A) 概念模式   B) 内模式   C) 外模式   D) 数据模式

(9) 有三个关系 R、S 和 T 如下:

	R				S				T	
A	B	C		A	B	C		A	B	C
a	1	2		A	1	2		c	3	1
b	2	1		b	2	1				
c	3	1								

则由关系 R 和 S 得到关系 T 的操作是( )。

    A) 自然连接   B) 差   C) 交   D) 并

(10) 下列选项中属于面向对象设计方法主要特征的是( )。

    A) 继承   B) 自顶向下   C) 模块化   D) 逐步求精

(11) 以下叙述中错误的是( )。

    A) C语言编写的函数源程序,其文件名后缀可以是.C

    B) C语言编写的函数都可以作为一个独立的源程序文件

    C) C语言编写的每个函数都可以进行独立的编译并执行

    D) 一个C语言程序只能有一个主函数

(12) 以下选项中关于程序模块化的叙述错误的是( )。

    A) 把程序分成若干相对独立的模块,可便于编码和调试

    B) 把程序分成若干相对独立、功能单一的模块,可便于重复使用这些模块

    C) 可采用自底向上、逐步细化的设计方法把若干独立模块组装成所要求的程序

    D) 可采用自顶向下、逐步细化的设计方法把若干独立模块组装成所要求的程序

(13) 以下选项中关于C语言常量的叙述错误的是( )。

A) 所谓常量，是指在程序运行过程中，其值不能被改变的量

B) 常量分为整型常量、实型常量、字符常量和字符串常量

C) 常量可分为数值型常量和非数值型常量

D) 经常被使用的变量可以定义成常量

(14) 若有定义语句：int a＝10；double b＝3.14；，则表达式′A′＋a＋b 值的类型是（   ）。

    A) char   B) int   C) double   D) float

(15) 若有定义语句：int x＝12，3＝8，z；，在其后为执行语句 z＝0.9＋x/y；，则 Z 的值为（   ）。

    A) 1.9   B) 1   C) 2   D) 2.4

(16) 若有定义：int a，b；，通过语句 scanf("%d，%d"，&a，&b)；能把整数 3 赋给变量 a，5 赋给变量 b 的输入数据是（   ）。

    A) 3 5   B) 3，5   C) 3；5   D) 35

(17) 若有定义语句：int k1＝10，k2＝20；，执行表达式(k1＝k1>k2)&&(k2＝k2>k1)后，k1 和 k2 的值分别为（   ）。

    A) 0 和 1   B) 0 和 20   C) 10 和 1   D) 10 和 20

(18) 有以下程序

```
#include <stdio.h>
main()
{   int a=1, b=0;
    if(-a) b++;
    else if(a=0) b+=2;
        else b+=3;
    printf("%d\n", b);
}
```

程序运行后的输出结果是（   ）。

    A) 0   B) 1   C) 2   D) 3

(19) 下列条件语句中，输出结果与其它语句不同的是（   ）。

    A) if(a) printf("%d\-n", x); else printf("%d\n", y);

    B) if(a—0) printf("%d\n", y); else printf("%d\n", x);

    C) if(a!=0) printf("%d\n", x); else printf("%d\n", y);

    D) if(a=0) printf("%d\n", x); else printf("%d\n", y);

(20) 有以下程序

```
#include<stdio.h>
main()
{   int a=7;
    while(a--);
    printf("%d\n", a);
}
```

程序运行后的输出结果是(　　)。

　　A) −1　　　　B) 0　　　　C) 1　　　　D) 7

(21) 以下不能输出字符A的语句是(注：字符A的ASCII码值为65，字符a的ASCII码值为97)

　　A) printf("%c\n", 'a'−32);　　　　B) printf("%d\n", 'A');

　　C) printf("%c\n", 65);　　　　D) print−f("%c\n", 'B'−1);

(22) 有以下程序(注：字符a的ASCII码值为97)

```
#include<stdio.h>
main()
{   char *s={"abc"};
    do
    { printf("%d", *s%10); ++s;
    } while(*s);
}
```

程序运行后的输出结果是(　　)。

　　A) abc B) 789 C) 7890 D) 979899

(23) 若有定义语句：double a，+p=&a；以下叙述中错误的是(　　)。

　　A) 定义语句中的 * 号是一个间址运算符

　　B) 定义语句中的 * 号只是一个说明符

　　C) 定义语句中的 p 只能存放 double 类型变量的地址

　　D) 定义语句中，* p=&a 把变量 a 的地址作为初值赋给指针变量 p

(24) 有以下程序

```
#include<stdio.h>
double f(double x);
main()
{   double a=0; int i;
    for(i=0; i<30; i+=10) a+=f((double)i);
    printf("%5.0f\n", a);
}
double f(double x)
{ return x*x+1; }
```

程序运行后的输出结果是(　　)。

　　A) 503　　　　B) 401　　　　C) 500　　　　D) 1404

(25) 若有定义语句：int year=2009，* p=&year；，以下不能使变量 year 中的值增至 2010 的语句是(　　)。

　　A) * p+=1;　　　B) (* p)++;　　　C) ++(* p);　　　D) * p++;

(26) 以下定义数组的语句中错误的是(　　)。

　　A) int num[]={1, 2, 3, 4, 5, 6};

　　B) int num[][3]={{1, 2}, 3, 4, 5, 6};

C) int num[2][4]=({1, 2, {3, 4}, {5, 6});

D) int num[][4]={1, 2, 3, 4, 5, 6};

(27) 有以下程序

```
#include <stdio.h>
void fun(int * p)
{ printf("%d\n", p[5]); }
main()
{   int a[10]={1, 2, 3, 4, 5, 6, 7, 8, 9, 10};
    fun(&a[3]);
}
```

程序运行后的输出结果是( )。

A) 5   B) 6   C) 8   D) 9

(28) 有以下程序

```
#include<stdio.h>
#define N 4
void fun(int a[][N], int b[])
{   int i;
    for(i=0; i<N; i++) b[i]=a[i][i]-a[i][N-1-i];
}
void main()
{   int x[N][N]={{1, 2, 3, 4}, {5, 6, 7, 8}, {9, 10, 11, 12},
    {13, 14, 15, 16}}, y[N], i;
    fun(x, y);
    for(i=0; i<N; i++) printf("%d, ", y[i]);
    printf("\n");
}
```

程序运行后的输出结果是( )。

A) −12, −3, 0, 0,   B) −3, −1, 1, 3,

C) 0, 1, 2, 3,   D) −3, −3, −3, −3

(29) 有以下函数

```
int fun(char * x, char * y)
{   int n=0;
    while((*x==*y)&&*x!='\0') {x++; y++; n++; }
    return n;
}
```

函数的功能是( )。

A) 查找 x 和 y 所指字符串中是否有'\0'

B) 统计 x 和 y 所指字符串中最前面连续相同的字符个数

C) 将 y 所指字符串赋给 x 所指存储空间

D) 统计 x 和 y 所指字符串中相同的字符个数

（30）若有定义语句：char * s1="OK", * s2="ok";，以下选项中，能够输出"OK"的语句是（   ）。

    A) if(strcmp(s1, s2)==0) puts(s1);

    B) if(strcmp(s1, s2)!=0) puts(s2);

    C) if(strcmp(s1, s2)==1) puts(s1);

    D) if(strcmp(s1, s2)!=0) puts(s1);

（31）以下程序的主函数中调用了在其前面定义的 fun 函数

```
#include <stdio.h>
main()
{   double a[15], k;
    k=fun(a);
}
```

则以下选项中错误的 fun 函数首部是（   ）。

    A) double fun(double a[15])   B) double fun(double * a)

    C) double fun(double a[])   D) double fun(double a)

（32）有以下程序

```
#include <stdio.h>
#include <string.h>
main()
{   char a[5][10]={"china", "beijing", "you", "tiananmen", "welcome"};
    int i, j; chart[10];
    for(i=0; i<4; i++)
    for(j=i+1; j<5; j++)
    if(strcmp(a[i], a[j])>0)
    { strcpy(t, a[i]); strcpy(a[i], a[j]); strcpy(a[j], t); }
    puts(a[3]);
}
```

程序运行后的输出结果是（   ）。

    A) Beijing   B) china

    C) welcome   D) tiananmen

（33）有以下程序

```
#include <stdio.h>
int f(int m)
{   static int n=0;
    n+=m;
    return n;
}
main()
```

```
{    int n=0;
     printf("%d, ", f(++n));
     printf("%d\n", f(n++));
}
```

程序运行后的输出结果是(　　)。

　A)1, 2　　　　B) 1, 1　　　　C) 2, 3　　　　D) 3, 3

(34) 有以下程序

```
#include<stdio. h>
main()
{    char ch[3][5]={"AAAA", "BBB", "CC"};
     printf ("%s\n", ch[1]);
}
```

程序运行后的输出结果是(　　)。

　A) AAAA　　　　B) CC　　　　C) BBBCC　　　　D) BBB

(35) 有以下程序

```
#include <stdio. h>
#include <string. h>
void fun(char * w, int m)
{    char s, * p1, * p2;
     p1=w; p2=w+m-1;
     while(p1<p2) {s= * p1; * p1=p2; * p2=s; p1++; p2--; }
}
main()
{    char a[]="123456";
     fun(a, strlen(a));
     puts(a);
}
```

程序运行后的输出结果是(　　)。

　A) 654321　　　　B) 116611　　　　C) 161616　　　　D) 123456

(36) 有以下程序

```
#include <stdio. h>
#include <string. h>
typedef struct{char name[9]; char sex; int score[2]; }STU;
STUf(STU a)
{    STU b={"Zhao", 'm', 85, 90};
     int i;
     strcpy(a. name, b. name);
     a. sex=b. sex;
     for (i=0; i<2; i++) a. score[i]=b. score[i];
```

```
        return a;
    }
    main()
    {   f STU c={"Qian", 'f', 95, 92}, d,
        d=f(c),
        printf("%s, %c, %d, %d, ", d.nalne, d.sex, d.score[0], d.score[1]);
        printf("%s, %c, %d, %d, ", c.nanle, c.sex, c.score[0], c.score[1]);
    }
```

程序运行后的输出结果是(   )。

   A) Zhao, m, 85, 90, Qian, f, 95, 92   B) Zhao, m, 85, 90, Zhao, m, 85, 90
   C) Qian, f, 95, 92, Qian, f, 95, 92   D) Qian, f, 95, 92, Zhao, m, 85, 90

(37) 有以下程序

```
    #include <stdio.h>
    main()
    {   struct node{ int n; struct node * next; } * p;
        struct node x[3]={(2, x+1}, {4, x+2}, {6, NULL}};
        p=x;
        printf("%d, ", p->n);
        printf("%d\n", p->next->n);
    }
```

程序运行后的输出结果是(   )。

   A) 2, 3   B) 2, 4   C) 3, 4   D) 4, 6

(38) 有以下程序

```
    #include <stdio.h>
    main()
    {   int a=2, b;
        b=a<<2: printf("%d\n", b);
    }
```

程序运行后的输出结果是(   )。

   A) 2   B) 4   C) 6   D) 8

(39) 以下选项中叙述错误的是(   )。

   A) C 程序函数中定义的赋有初值的静态变量，每调用一次函数，赋一次初值
   B) 在 C 程序的同一函数中，各复合语句内可以定义变量，其作用域仅限本复合语句内
   C) C 程序函数中定义的自动变量，系统不自动赋确定的初值
   D) C 程序函数的形参不可以说明为 static 型变量

(40) 有以下程序

```
    #include<stdio.h>
    main()
```

```
{    FILE  * fp,
     int k, n, j, a[6]={1, 2, 3, 4, 5, 6};
     fp=fopen("d2. dat", "w");
     for(i=0; i<6; i++) fprintf(fp, "%d\n", a[i]);
     fclose(fp);
     fp=fopen("d2. dat", "r");
     for(i=0; i<3; i++)fscanf(fp, "%d%d", &k, &n);
     fc|ose(fp);
     printf("%d, %d\n", k, n);
}
```

程序运行后的输出结果是(   )。

　　A) 1, 2　　　　B) 3, 4　　　　C) 5, 6　　　　D) 123, 456

二、填空题(每空 2 分，共 30 分)

请将每空的正确答案写在答题卡【1】~【15】序号的横线上，答在试卷上不得分。

(1) 数据结构分为线性结构与非线性结构，带链的栈属于 __【1】__。

(2) 在长度为 n 的顺序存储的线性表中插入一个元素，最坏情况下需要移动表中 __【2】__ 个元素。

(3) 常见的软件开发方法有结构化方法和面向对象方法。对某应用系统经过需求分析建立数据流图(DFD)，则应采用 __【3】__ 方法。

(4) 数据库系统的核心是 __【4】__。

(5) 在进行关系数据库的逻辑设计时，E—R 图中的属性常被转换为关系中的属性，联系通常被转换为 __【5】__。

(6) 若程序中已给整型变量 a 和 b 赋值 10 和 20，请写出按以下格式输出 a、b 值的语句 __【6】__。 * * * * a=10, b=20 * * * *

(7) 以下程序运行后的输出结果是 __【7】__。

```
#include<stdio. h>
main()
{    int a=37;
     a%=9;
     printf("%d\n", a);
}
```

(8) 以下程序运行后的输出结果是 __【8】__。

```
#include <stdio. h>
main()
{    int i, j;
     for(i=6; i>3; i−−)j=I;
     printf("%d%d\n", i, j);
}
```

(9) 以下程序运行后的输出结果是 __【9】__。

```
# include <stdio. h>
main()
{   int i, n[]={0, 0, 0, 0, 0};
    for(i=1; i<=2; i++)
    {n[i]=n[i-1]*3+1;
    printf("%d", n[i]);
}
printf("\n");
}
```

(10) 以下程序运行后的输出结果是 【10】 。

```
# include <stdio. h>
main()
{   char a;
    for(a=0; a<15; a+=5)
    {   putchar(a+'A');
        printf("\n");
}
}
```

(11) 以下程序运行后的输出结果是 【11】 。

```
# include<stdio. h>
void fun(int x)
{   if(x/5>o) fun(x/5);
    prinf("%d\t", x);
}
main()
{   fun(11); printf("\n");
}
```

(12) 有以下程序

```
# include <stdio. h>
main()
{   int c[3]={0}, k, i;
    while((k=getchar())! ='\n')
    c[k-'A']++;
    for(i=0; i<3; i++)
        printf("%d", c[i]);
    printf("\n");
}
```

若程序运行时从键盘输入 ABcAcC<回车>，则输出结果为 【12】 。

(13) 以下程序运行后的输出结果是 【13】 。

```
# include<stdio. h>
```

```
main()
{   int n[2], i, j;
    for(i=0; i<2; i++)n[i]=0;
    for(i=0; i<2; i++)
        for(j=0; j<2; j++) n[j]=n[i]+1;
    printf("%d\n", n[1]);
}
```

(14) 以下程序调用 fun 函数把 x 中的值插入到 a 数组下标为 k 的数组元素中。主函数中，n 存放 a 数组中数据的个数。请填空。

```
#include <stdio.h>
void fun(int s[], int *n, int k, int x)
{   int I;
    for(i= *n-1; i>=k; i--) s[【14】]=s[i];
    s[k]=x;
    *n= *n+【15】;
}
main()
{   int a[20]={1, 2, 3, 4, 5, 6, 7, 8, 9, 10, 11}, i, x=0, k=6, n=11;
    fun(a, &n, k, x);
    for(i=0; i<n; i++) printf("%4d", a[i]);
    printf("\n");
}
```

参 考 答 案

一、选择题

(1)~(10)：D) C) B) A) C)　　D) A) D) B) A)

(11)~(20)：C) C) D) C) B)　　C) B) C) D) A)

(21)~(30)：B) B) A) A) D)　　C) D) B) B) D)

(31)~(40)：D) C) A) D) A)　　A) B) D) A) C)

二、填空题

【1】线性结构　　【2】n　　【3】结构化　　【4】数据库管理系统(DBMs)

【5】关系　　【6】printf("* * * *a=%d, b=%d* * * *", a, b);

【7】1　　【8】34　　【9】14　　【10】AFK　　【11】211　　【12】213

【13】3　　【14】i+1　　【15】1